신 재생
에너지 기술

신 재생
에너지 기술

• 이영재 지음 •

이비락樂

머리말

입력보다 출력이 2배 많은 전자회로와 서버 전지 2개가 각각 1V씩 방전하면 회로 내에 존재하는 또 하나의 리시브 전지가 2V를 충전한다. 리시브 전지는 충전된 전압을 이미 방전한 서브 전지에 각각 1V씩 돌려주어 재충전 하고 세 개의 전지는 각각 처음 보유했던 전압으로 유지하게 된다. 이 책은 이러한 과정을 자동으로 반복하는 전자기 회로로 된 축전지 자동 충방전 시스템 기술을 주제로 하며, 이것이 이 책의 핵심 내용이다.

전류 2배 회로에 대하여 더 설명을 하자면 입력이 10W 이면 출력이 20W가 된다는 것이다.

지금 이 글을 읽고 있는 독자가 무슨 생각을 할 지 저자도 이미 예측하고 있다.(즉, "그러면 에너지 법칙에 위배 되는데?"라는 말일 것이다.)

이 책의 주제는 에너지 법칙이 아니기 때문에 주요 테마부터 먼저 풀어 놓고 책의 후반에 저자가 생각하는 에너지 법칙의 허점을 상세히 기술하기로 하고 지금은 본 기술의 이해를 돕기 위해서 에너지 법칙에 관한 것을 먼저 기술하도록 하겠다.

특별히 책에 여백을 많이 둔 것은 읽는 중에 생각나는 아이디어나 아이템 회로도 등을 채워 보라는 의미이다. 그렇게 하면 이 책은 새로운 당신만의 책이 되기 때문이다. 반드시 가득 채우고 날짜도 꼭 기록하시기 바란다. 그것이 곧 당신의 재산이 될 것이다.

EE 신재생 에너지 기술 연구소
대표 이영재

1부

폐회로(閉回路)와
개회로(開回路)

충전용 배터리 하나를 구한다. 황산납 배터리는 자동차에 많이 사용하는 것이다. 리튬 이온 전지나 리튬 인산철 전지라도 된다.

충방전을 할 수 있는 것은 모두 이 기술을 접목하여 회로를 만들 수 있다. 그리고 스위치 하나와 꼬마 백열전구를 구하고 전류계도 두 개를 구하여 [그림 1-1]과 같이 연결한다.

지금은 스위치가 열려 있어서 전류가 흐르지 않고 전류가 흐르지 않으면 전구에 불은 켜지지 않는다.

전류계의 바늘은 각각 0A(암페어)를 지시한다. 이러한 회로를 '닫힌회로' 또는 '폐회로'라고도 한다.

모든 전자기 회로는 이와 같은 폐회로(閉回路)로 되어있다.

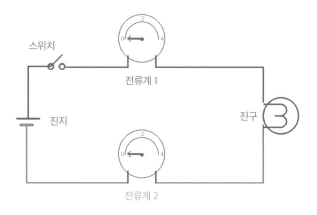

[그림 1-1] 닫힌회로(폐회로)

반대로 화석 연료를 산소와 함께 반응기에서 연소 시켜 열에너지를 얻고 이 열에너지로 피스톤이나 터빈을 돌려 동력을 얻는 회로는 [그림 1-2]와 같은 과정으로 에너지를 얻는다. 이러한 회로를 '열린회로', 또는 '개회로(開回路)'라고 한다.

우리 사람들 인체의 장기 중에도 개회로와 폐회로로 활동하는 장기가 있다. 우리 몸속에 있는 폐장은 호흡할 때 인체 외부에서 공기를 들이마시고 탄산가스를 외부로 배출하는데 이는 개회로에 해당한다. 또 심장은 동맥으로 혈액을 내보내고 정맥으로부터는 혈액을 받아들이는데 혈관 속에 흐르는 혈액은 혈관 밖으로 나가지 못한다. 그래서 심장과 연결된 모든 혈관을 폐회로라고 할 수 있다.

전기회로나 전자회로는 모두 닫힌회로 또는 폐회로(閉回路)라고 한다.

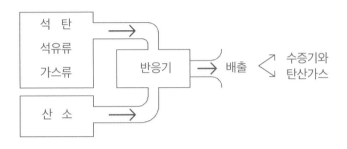

[그림 1-3] 개회로(開回路) 도해

산유국들이 자기 국가의 이익을 위하여 석유류 생산량을 감산하고 가격을 올리면 석유가 필요한 국가들은 물량을 확보하려고 서로 구매 경쟁을 하게 되므로 유가(油價)는 오르고 물량확보는 더욱 어려워진다.

그러면 언론 매체들은 '에너지 파동'이라 하여 연일 대서특필을 하다 보니 사람들은 유류 파동을 에너지 파동과 같은 말로 알게 되고 곧 석탄이나 석유류 가스류 같은 화석 연료를 에너지라고 착각하게 된다.

석탄·석유·천연가스 등과 같이 고생물의 유해가 지하에 매장되어 생성된 자원들을 통칭하여 화석 연료라고 한다. 화석 연료로 에너지를 얻으려면 반드시 산소가 필요한 데, 산소가 없는 상태에서의 그것들은 금속이나 비금속류의 일부, 또는 초목이나 나무들과 다를 바가 없다.

철이나 구리, 알루미늄 등을 수 나노 굵기의 실을 뽑아 솜을 만들고 이것들을 충분한 산소 분위기 속에서 불을 붙이면 맹렬하게 타는 현상을 학교 실험실에서 경험했을 것이다. 그리고 이외에 금속이나 비철금속을 수 나노 크기 분말을 만들어 공기 중에 분사하며 불을 붙이면 화약처럼 폭발하는 것을 알 수 있다. 그러나 원활한 산소 공급이 없다면 흙이나 모래처럼 에너지를 얻을 수 없다.

화석 연료가 산소와 화합하여 얻어지는 에너지도 결국은 원자핵 속에 있는 전자에 의해서만 이루어지지만 이때 얻어지는 에너지는 합성하는 과정에서 산소와의 반응에 의하여 얻어지는 화학에너지이고, 전자기회로에서 이용할 수 있는 전기에너지는 전자의 물리력에 의하여 얻어지는 에너지이므로 화학 반응에서 얻어지는 열역학 에너지와는 다른 것이다.

전자의 물리력에 의하여 얻어지는 전자기력은 옴의 법칙이나 맥스웰의 방정식에 의하여 정의되고 증명되어야만 하는 것이지 에너지 법칙이라는 말로 한번 사용한 에너지는 재사용할 수 없다고 하는 사람들은 생각을 바꿔야 한다고 본다. 다시 한번 아래의 열린회로도를 자세히 들여다 보자.

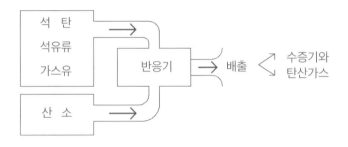

[그림 1-2] 열린회로(開回路)도

그림에서 알 수 있는 것처럼 반응기에 공급된 연료들은 다른 경로로 공급된 산소와 합성을 하고 합성한 후에는 주성분이 탄소인 석탄은 탄산가스로 변하며, 주원료가 탄화수소인 석유류와 가스류는 탄산가스와 수증기로 변하여 대기 중으로 배출하여 버리는 시스템, 즉 '열린회로'이다.

사용한 에너지의 부산물인 탄산가스와 수증기를 포집

하여 재사용 방법을 시도도 해보지 않고 배출하여 버리게 되는 이러한 회로에서는 한번 사용한 에너지를 두 번 다시 사용하지 못하는 것은 당연할 수밖에 없다.

  자연에서 탄산가스를 사용하고 있는 것을 한번 살펴보자.
  바닷속에 있는 어떤 식물성 플랑크톤 중에도 물에 용해된 탄산가스를 취하여 영양물질을 만들고 남은 산소를 많이 배출하여 인간을 이롭게 하고도 있다.

  육지 식물들의 탄소동화작용 과정을 살펴보면 뿌리에서 공급되는 물과 공기 중에서 탄산가스를 흡수하고 이것들을 원료로 하여 엽록소가 태양광의 도움으로 합성과 환원 작용을 거쳐 당분과 산소를 만든다.

  여기서 당분은 식물이 취하고 부산물로 생기는 산소는 대기 중으로 배출하고 있으며 지금의 과학 기술은 실험실에서도 탄산가스를 산소와 탄소로 환원하는 기술들이 존재한다. 물, 즉 수증기도 산소와 수소로 환원하는데 미생물 분해법, 광분해법, 전기분해법이 있어서 한번 사용한 화석에너지를 재사용할 수 있는 방법은 분명히 존재한다.

한번 사용한 에너지를 다시 사용하지 못하는 것이 아니라, 안 하는 것이라고 본다. 배기가스를 포집하기는 번거롭기도 하고 탄산가스와 수증기를 물로 만들고 분해하려면 에너지도 필요하고 경제성을 고려해 볼 때 문제점은 분명 있을 것이다.

지금 언급하는 내용은 재사용하자는 것이 아니라 한번 사용한 에너지를 재사용할 수 없다는 법칙에 오류가 있다는 것을 주장하고 싶다.

다시 폐회로인 전기회로를 살펴보자.

원래 이 기술을 개발할 때에는 티탄산바륨(타이탄산 바리움) 전지를 사용해야만 제대로 성능을 발휘할 수 있었다. 티탄산바륨 전지의 특징은 전지 셀(하나, 한 개당) 전압이 수십 내지 수천 V의 전지를 만들 수 있다. 단점이 있다면 일반 화학 전지에 비하여 전류 용량이 적다는 것이다.

우리가 흔히 보는 망간 건전지는 개당 1.5V, 니켈 카드뮴 충전지는 1.2V, 리튬 이온 전지는 4V(최고 전압은 4.2V), 자동차에 하나씩 있는 황산납 전지는 2V(3.2V), 리튬 인산철 전지는 3.2V이다.

전해질이 있는 화학 전지들에도 단점이 있다. 바로 셀당 최대로 충전할 수 있는 전압이 낮고 전극에 전해질을 첨가한 화학 전지들은 충전 속도가 허락된 최고 전압에 가까울수록 충전 속도가 현저히 늦어지는 점 때문에 본 기술을 접목할 수 없는 줄 알았다.

그러나 전해질 콘덴서를 사용하면 가격도 저렴하고 종류도 많아서 쉽게 실험을 하였고 소기의 목적도 얻게 되어 기술을 확인하는 데 많은 도움이 되었다.

지금은 건전지를 제외한 재충전을 할 수 있는 어떤 전지라도 제기능을 발휘할 수 있는 방법이 완성되어 있어서 지금 소개하고 있다.

다음에 보이는 [그림 1-3]는 [그림 1-1]과 같은 재료의 품목들로 이루어져 있지만 두 그림이 다른 점은 스위치의 개폐 상태가 서로 다르다.

전기회로의 기본이라고도 할 수 있겠다. 전원인 전지가 있고 스위치가 있으며 부하가 있다. 대개의 전기전자제품을 구동시키는 방법은 여기에 해당된다.

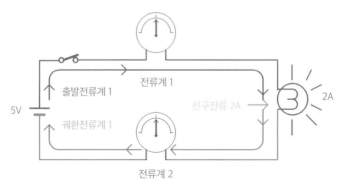

[그림 1-3] 기본회로도

　[그림 1-2]와 비슷한 그림이다. 다른 점은 스위치가 닫혀 있는 것을 볼 수 있다. 양극에서 나온 전자는 스위치와 전류계 1, 부하인 전구를 지나 전류계 2를 거쳐서 다시 전원 전지의 음극으로 되돌아가고 전구에는 불이 켜져 있다. 이 과정을 우리는 흔히 "전류가 흐른다"라고 한다.

　지금 우리는 기술 하나에 관심을 두기 보다는 상식적으로 알고 있는 절대 변하지 않는다는 에너지 법칙에 대하여 바로 알고 가야 한다.

　본 저자는 전지의 양극에는 전자가 없든지 부족한 상태라 양극에서는 아무것도 흘러나올 수 있는 것이 없고 대신 음극에서는 전자가 많이 있어서 전압이 1V, 전류가 1A가 흐르게 하려면 1초당 10억 개에 가까운 전자가 흘러가야 한다고 배웠다.

참고로 빛의 속도와 전파의 속도가 초당 30만Km이고 전기의 속도도 30만Km이지만 전자의 이동 속도는 너무 늦어서 시간당 13.5cm밖에 되지 않는다고 어떤 책에서 읽은 기억이 있는데 저자는 개인적으로 이 학설을 믿고 있다.

또한 미국이나 구(舊) 소련에서 개발한 어떤 전자회로에서는 전류 방향이 음극에서 양극으로 흐른다는 사실을 화살표로 표시된 것들을 볼 수도 있다. 이 책에서는 독자의 이해에 도움을 주고자 학교에서 배웠던 대로 전류는 양극에서 나와 음극으로 흘러들어 간 것으로 표현하였음을 알려드린다.

다시 우측의 [그림 1-3]을 보자.

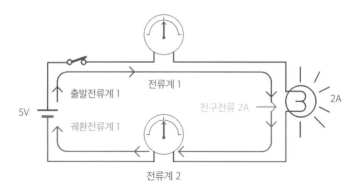

[그림 1-3] 기본회로도

그림을 보면, 우선 전구에 불이 켜져 있다. 전지의 전압은 점점 낮아지고 있고 전구는 꺼진다.

모두들 하나같이 같은 생각들을 하고 있을 것이다. 전구에서 에너지를 소비하고 있기 때문에 전압은 낮아지고 에너지도 없어지는 당연한 현상이라고 생각할 것이다.

이 책에서의 전지는 모두 충전과 방전을 할 수 있는 2차 전지를 말하는데 편의상 이하 '전지'라고 한다.

여기서 한번 생각해 보자.

전압은 왜 낮아지고 전기는 왜 없어질까? 전구 대신 모터를 연결하여 돌려도 전기는 줄어들고, 히터를 연결하여도 전압은 줄어든다.

아마도 지금 이 글을 읽는 분들은 쉽게 생각할 것이다. 전구는 빛으로 에너지가 소모되고, 모터는 운동으로 에너지를 소비하며 전열기-히터는 열로써 에너지가 달아난다고 단정하고 조금의 의심도 하지 않을 것이다.

왜 그럴까?

그렇게 배웠기 때문이다. 좀 더 사실대로 말하자면 배운 것이 아니라 외운 것이다.

전원의 음극(마이너스)에는 전자가 많이 있는데 이 전자가 부하와 스위치를 통과 전원의 양극으로 돌아가면 전류가 흐르고 전구에는 불이 켜진다. 그림에서 보면 양극에서 나온 전자는 출발한 전지의 음극으로 돌아갈 때까지 어디에서도 회로 밖으로 나갈 수가 없게 되어 있음을 알 수 있다.

전자는 이 회로에서 스스로 탈출할 수도 없고 회로 밖에서 강제로라도 이탈시킬 수가 없게 되어 있다. 에너지의 원인인 전자가 단 한 개도 회로에서 빠져나가지도 없어지지도 않았는데 어찌하여 부하에서 에너지를 소모하고 소멸하여 없어진다고 하겠는가? 그런데도 전지의 전압은 계속 낮아지고 있다.

이와 같은 전기회로를 '닫힌회로(閉回路)'라 하고 석유나 가스를 연료로 하여 힘을, 에너지를 얻는 시스템을 '열린회로(開回路)'라고 한다.

열린회로에서는 한번 주입된 연료는 엔진이나 보일러를 통과한 후에는 공기 중으로 탄산가스나 수증기로 변하여 사라져 버리므로 재사용할 수가 없다.

에너지 법칙에서 단어 하나를 바꾸고 싶다. 그것은 바로 "한번 사용한 에너지는 다시 사용할 수 없다가 아니라 다시 사용하지 않는다"라고.

그러나 닫힌회로인 전기회로나 전자회로에서는 원료에 해당하는 전자가 회로 밖으로 스스로 탈출할 수도 없고 외부에서 강제로 뽑아낼 수도 없는데 왜 재사용이 안된다 라고 하는 것일까?

여기서 반드시 확인하고 가야 할 것이 있는데 그것은 바로 '전류계'이다.

지금 전류계 1의 지침은 2A를 표시하고 있다. 부하인 전구도 2A를 표시하고 있고 전류계 2도 2A를 표시하고 있음을 알 수 있다. 지금은 전압은 5V냐 10V냐 하는 것은 아무 문제 될 것이 없다.

이 책을 읽고 계시는 여러분은 생각나는 무엇인가가 없을까?

만약에 부하인 전구에서 2A의 전기에너지를 소모 또는 소비하여 에너지가 소멸되었다면 전류계 2에는 에너지가 없는 것으로, 즉 0으로 표시를 해야 하지 않을까?

그러나 닫힌회로에서는 전원에서 나온 전하가 반드시 전원으로 돌아가야만 부하(load)가 작동하게 되어 있다.

여기서 나는 분명히 말 할 수가 있다.

부하에 전구를 연결하여 불을 켜든지, 모터를 연결하여 돌아가게 하든지, 히터를 연결하여 열이 나게 하더라도 결단코 부하에서는 에너지를 소모하지 않는다. 아니 소모되지 못한다.

에너지 공급을 전지가 하고 에너지가 없어지는 것 같은 것도 전지 내에서 일어나고 있다.

전지가 아니고 발전기를 전원으로 사용하더라도 전압과 전류가, 즉 전류가 살아있는 것처럼 보이는 곳은 전원인 발전기 내의 코일 속이다.

사실, 에너지가 없어지는 것은 아니고 음극과 양극의 전자 수가 같아지고 양이 같아져서 음양극의 전압이 같아지니까 전류가 흐르지 못할 뿐이다.

　기억해야 할 것이 있다. 전지에 전압의 고저(高低)에 상관없이 하나의 전지 안에 있는 전자의 수는 방전하여도, 충전하여도 변함이 없다는 것이다. 음극에 있던 전자가 양극으로 옮겨진 것뿐이다.

　에너지는 없는 것에서 생겨나는 것도 아니고 있는 곳에서 쉽게 없어지는 것이 아니다. 다만 그렇게 보일 뿐이고 느껴질 뿐이다.

　이 전자는 깨어져 조각나거나 부단히 없어지는 것이 아니다.

　물리학에서는 원자에 중성자를 빛에 가까운 속도로 가속시켜 부딪히게 하여 원자가 파괴될 때에 나오는 각종 방사선을 연구하는 분야가 있다. 하지만 아직까지 전자를 부숴서 연구한다는 이야기는 들어보지 못했다.

　전자는 회로 밖에서는 독자적으로 존재하기 어려운 것으로 알고 있다. 전류는 흐르지 않아도 발전기의 구리 코일 안과 전지 안에서는 불어나지도 않고 살아지지도 않는데 전자의 수와 전하의 수(量)가 변함에 따라 전류가 흐르기도 하고 멈추기도 한다.

회로가 끊어지는 경우 외에는 길이 열려 있으면 가고 없으면 멈출 뿐이다.

회로 내에서 부하가 할 수 있는 일은 전원이 공급되면 부하가 견딜 수 있는 전류를 흘릴 수 있는 한도 내에서 일할 뿐이다.

마치 수도관에 달린 수도꼭지는 물이 흐르는 양만 조절할 수 있는 것처럼 부하는 흘릴 수 있는 전류의 양만 정하는 것이지 결코, 절대 에너지를 소모하지 않는다.

그러므로 이후에는 전자기 제품을 사용해도 에너지 사용료를 내지 않고 무료로 사용하게 될 수 있는 세상이 열릴 것이다.

입력이
출력보다 2배

아직도 이런 기술은 존재할 수 없다고 주장하는 분들이 많을 것이다.

내가 알기로 이런 기술이 공개되어 사용된 지는 이미 50~60년은 족히 넘은 것으로 알고 있다. 이 책을 읽고 계신 분들도 10~20여 년 전부터 한두 가지의 기기들을 사용하고 있다.

지금 여러분들이 사용하고 있는 기기에 응용된 기술은 직류가 입력되어 교류로 출력하는 회로로 되어 있어서 직류가 교류로 바뀌는 과정에서 에너지 손실이 있는데 내가 소개하는 것은 직류가 입력되어 같은 전압의 직류가 출력되나 전류만 2배가 되는 회로로서 입력 전력보다 출력 전력이 99%가 아니고 100%가 더 많이 나오는 회로이다.

회로에 전류용 다이오드가 두어 개 있는데 하나의 다이오드에 전류가 흐르면 전압이 0.6V 정도 낮아진다. 이때 전원이 6V 이하인 회로라면 지장이 있을 수도 있겠으나 12V 이상 수백 볼트(V)라면 문제 될 것은 하나도 없다. 아래 [그림 2-1]을 보자.

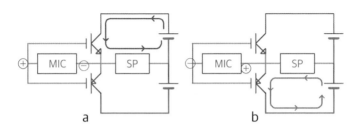

a   b

[그림 2-1] 앰프 출력 회로도

이 도면은 1970년대 이전에 나온 음향기기, 즉 앰프의 출력 회로도이다. 증폭률을 극대화하기 위한 회로로써 DEPP 출력 회로이다.

마이크나 전파로부터 얻어지는 0.5V 내외의 입력 전압으로는 전류를 증폭하기에 적당하지 않음으로 적당한 전압까지 높이기 위하여 입력 트랜스(IPT)와 전압 증폭회로와 출력용 전력 증폭기, 스피커에 공급할 충분한 전류를 얻기 위한 전력 증폭기, 그리고 앰프와 스피커

의 저항 매칭을 최대로 얻기 위한 출력 트랜스(OPT) 등
으로 구성되어야 하는 풋슈풀 회로로 된 회로여야 한
다. 그런데 지금은 거의 사용하지 않는 기술이라서 자
세한 회로도와 설명은 제외하고 이해를 도울 수 있을
정도만 소개한다.

그림을 보면 전원용 전지가 2개인 것을 알 수 있다.

좌측 [그림 2-1]에서 a면을 보면 마이크 왼쪽에 양전극
(플러스극)이 입력되면 위의 NPN 트랜지스터가 도통을
하여 위쪽의 전지에서 나온 전류는 화살표 표시대로
스피커에 전력을 공급하고 위에 전지의 음극으로 돌
아간다.

그리고 [그림 2-1]의 b면처럼 마이크의 왼쪽 전압이
음극이 입력되면 밑에 있는 PNP 트랜지스터가 도통을
하게 되며 아래쪽 전지로부터 화살표대로 전류가 흘러
스피커에는 먼저와 반대 방향으로 전류가 흐른다. 전지
2개가 필요하게 되고 회로도 간단치 않게 된다.

이와 반대의 회로가 SEPP 회로이다.

다음 쪽 [그림 2-2]의 a, b, c, d 회로가 ESPP 회로의 기
본 동작 회로도이다.

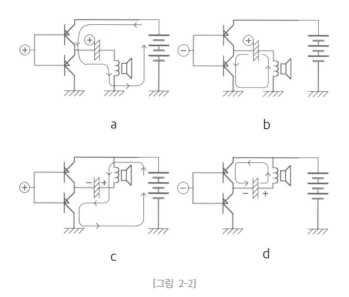

a   b

c   d

[그림 2-2]

이 회로의 특징은 출력 트랜스가 없고 전원이 하나이며 전지에서 소모 전력보다 2배가 많은 전류를 스피커의 코일에 흐르게 한다.

전원 전지는 하나지만 회로도 안에 있는 콘덴서가 또다른 전지를 대신하고 음질 특성도 좋아지며 출력 트랜스가 없으니 무게도 부피도 원가도 줄어들게 된다.

DEPP 회로의 다른 단점은 특정 주파수의 음질에만 좋은데 ESPP 회로는 고음, 중음, 저음의 음질이 골고루 좋아진다.

조그만 라디오의 수 왓트(W)의 전력 증폭에 2배 정도

라고 무시할지도 모르지만 이 앰프의 출력이 수십 왓
트, 수백 왓트라면 활용할 수 있는 여지가 많을 것이다.

　우리나라 휴전선(3.8선)에 설치된 대북 대남 방송용 앰
프들은 아마도 수십 Kw였을 것이다. 요즘은 전기 사정
들이 좋아서 가볍게 생각하지만 건전지나 축전지를 전
원으로 사용하되 2개씩이나 사용한다면 다소 불편한
점들이 있다. 이 문제를 해결하기 위하여 출력단 스피
커 바로 앞에 콘덴서를 하나 사용하면 전력을 약 50%가
량 절약할 수 있고 저음, 중음, 고음의 음질도 개선할 수
있다. 다시 [그림 2-2]를 보자. 그림은 모두 4종류이다.

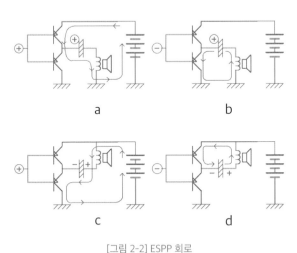

[그림 2-2] ESPP 회로

이 도면은 ESPP 회로라고 한다.

1989년 1월 청암출판사에서 발행한 『신 전자실습지시서』(이해동 저)의 내용을 소개하였다.

이 그림들은 모두 입력보다 출력이 2배 많은 회로이다.

우리 주변의 가까이에는 이미 오래전부터 입력보다 출력이 더 많은 기술이 활용되어 왔다. 그런데 입력보다 출력이 많은 기술이나 외부로부터 아무런 도움 없이도 스스로 방전하고 전압이 낮아지면 자동으로 재충전하는 기술로 특허 신청을 하면 에너지 법칙에 어긋나네, 자연법칙을 거스르네 하면서 기술의 가부를 실험하여 확인조차 해보지 않고 특허 등록을 거절하는 것은 잘못되어도 너무 잘못된 것이다.

사람들은 에너지 법칙 중에

"한번 사용한 에너지는 두 번 사용 할 수는 없다." "입력된 에너지보다 더 많은 출력을 얻을 수 있는 방법은 없다."

이 두 구절을 무조건 믿고 이 법칙의 진실은 알려고

하지 않는다.

　나는 지금 이 법칙의 문제점을 반증하려는 것이 아니고 한번 사용한 에너지를 다시 사용하는 방법은 이미 오래전부터 우리가 사용해 왔다는 것을 말하려는 것이다.

　앞서 소개한 『신 전자실습지시서』의 내용 중 앰프를 설명하는 부분을 소개하고 있다. 독자들의 이해를 돕기 이 책의 내용을 조금 더 소개해보자.

　한 번 사용한 전기에너지를 한 번 더 재사용하는 기술 또는 새로운 학설이라고 하면 무조건 받아들이지 못하는 사람들이 더 많기 때문에 2배 출력 기술은 이미 개발되어 수십 년 전부터 사용되어 왔는데 사람들이 간과하거나 믿지 않기 때문에 이번에 우리들 가까이에서 이미 많이 사용하고 있는 기술 2가지를 먼저 소개한다.

　앞에서도 언급했지만 이 책에서 독자들에게 공개하고 싶은 내용은 에너지 법칙에서 한번 사용한 에너지는 다시 재사용할 수 없다는 그 법칙을 무시하고 한번 사용한 전기에너지를 100% 재사용하는 기술이다. 이 방법을 말하면 듣는 사람 대부분이 에너지 법칙을 들이대고는 가당치도 않는다고 하였다.

물론 필자를 잘 아는 이들은 내가 그렇다 하니까 그런가 하는 사람도 있고 살아오는 동안 내가 거짓말을 하는 것을 못 본 사람들은 믿는 척은 하는 것 같다.

이 2배 기술은 확실히는 몰라도 적어도 1970년대 이전부터 많이 활용되어 온 것으로 알고 있다.

본 기술을 소개하기 전에 적어도 30~50년 전부터 우리들이 사용해 온 기존 기술 두 가지를 중학생 이상이면 이해할 수 있도록 쉽게 예를 들어 펼쳐 보이도록 하겠다.

여기에 소개하는 기술과 필자가 특허청에 출원한 기술의 차이는 다음과 같다. 지금까지 우리가 사용하는 기술은 직류를 교류로 변환하여 사용하는 기술이다. 그래서 직류기기의 전원으로 사용하려면 다시 직류로 정류를 해야 하고 직류를 교류로, 교류를 직류로 변환하는 과정에서 에너지 손실을 피할 수가 없다. 하지만 내가 고안한 기술은 직류를 입력하여 전압은 그대로, 전류는 2배의 직류를 얻는 방법으로, 손실 없이 99%가 아닌 100%의 재생에너지를 얻는 방법이 특징이다.

이에 『신 전자실습지시서』에 있는 내용을 계속 소개하도록 하겠다. 이 책 85페이지에 있는 내용이다.

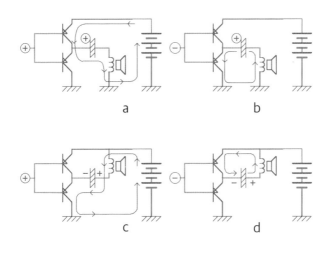

[그림 2-2] ESPP 앰프 회로

주된 내용은 ESPP 앰프의 출력에 관한 내용이다. 앰프 회로는 전문가가 아니면 봐도 이해하기 어려우므로 앰프의 출력 부분만 소개하여 2배 전력 출력이 가능하다는 정도만 알고 믿게 하는 것이 내가 원하는 바이다.

[그림 2-2]의 a와 같이 SP(스피커)를 어스(전지의 음극, 마이너스극)에 붙이든 양극에 붙이든 결과는 마찬가지이다.

NPN형 트랜지스터와 PNP형의 두 종류의 트랜지스

터의 서로 다른 두 종류의 트랜지스터의 베이스는 함께 연결되어 있다. 이 베이스에 양극(플러스)의 전압이 주어지면 증폭기 겸 인버터 역할을 하는 두 개의 트랜지스터 중 위에 있는 NPN형 트랜지스터가 도통을 하게 되고 [그림 2-2]의 a도에 그려진 화살표 방향대로 전류가 흐르게 되며 콘덴서에는 전기가 충전된다.

충전되는 동안 코일에도 전류가 흘러 코일은 전자석의 역할을 한다. 코일이 전자석이 되면 영구자석의 N극과 S극과 방향과 코일의 감은 방향과 전자석의 N극과 S극의 방향에 따라 서로 밀어내기도 하고 서로 끌어당기기도 함에 따라 스피커의 진동판이 떨게 되어 소리가 나는 것이다.

앞쪽 [그림 2-2]의 b도에서 볼 수 있는 것과 같이 두 베이스가 음극이 되면 아래에 있는 PNP 트랜지스터가 도통을 하게 된다. 이번에는 전지에서 스피커에 전력을 공급하는 것이 아니라 충전된 콘덴서가 전원 대신 방전을 하여 스피커를 작동시킨다.

스피커는 전지에서 한번 공급된 전력으로 소리를 한

번 내고 다음 콘덴서가 일회용 전지의 역할을 하여 콘덴서가 전력을 스피커에 공급하여 소리를 한 번 더 내게 되니 이것은 전지의 출력을 확실하게 2배로 높여 사용하는 방법이 된다.

[그림 2-2]에서 그림 c와 d는 a, b와 반대로 스피커 코일에 연결된 전선의 한쪽이 어스에 연결되어 있지 않고 전원에 연결되어 있는 점이 다르나 동작 원리는 a, b도와 같다.

트랜지스터 베이스가 음극이 되면 아래쪽에 위치한 PNP 트랜지스터가 먼저 도통을 한다. 콘덴서는 충전을 한 다음, 두 베이스가 양극이 되면 NPN 트랜지스터가 통전을 하게 되며 콘덴서는 이미 충전된 전력을 방전함으로써 전지가 해야 할 일을 콘덴서가 대신 방전을 한다. 그리고 전원 전지에서는 한번 방전을 하면 음량에 따라 전류의 양이 달라지는데 콘덴서는 받은 만큼만 방출하여 스피커를 울리는 원리이다.

라디오의 음성 출력, 전화기의 음성 출력은 실로 너무 미미하여 무슨 에너지의 도움이 되겠냐고 하는 이도 있을 것이다. 그러나 앰프 중에는 출력이 수백 와트(W)도 있고 확실히는 알 수 없지만 휴전선에 있는 대북 방송용과 대남 방송용 앰프는 아마도 수천 와트는 넘을 것으로 보인다.

우리 주변에는 전력이 수십 와트에서 수백 와트의 전력을 소비하는 전자기기나 전기기기가 정말 많지 아니한가?

다음은 이미 사용하고 있는 2배 출력 기술 중 두 번째 기술을 소개한다.

여러분들은 '파워서플라이'라는 것을 많이 들어 보았을 것이다. 이것은 우리 집에도 두 대나 있는 컴퓨터에 전력을 공급하는 컴퓨터 전원을 지칭하는 용어이다.

여기에 2배 전력 기술이 처음부터 이용되어 왔었다.

잘 모르는 분들을 위하여 파워서플라이의 중요 동작 부분들을 다이어그램 방식으로 전개하며 여러분들의 이해를 돕고자 한다.

컴퓨터의 전원으로 사용하고 있는 파워서플라이에 두 배 기술이 적용되고 있다.

이 기술은 필자 혼자 아는 기술이 아니고 한국뿐 아

니라 외국의 수많은 사람이 알고 있는데 입력보다 출력이 2배가 된다. 한 번 사용한 에너지를 재사용하고 또 재사용하고 계속하여 사용하고 있다니 사람들은 항상 에너지 법칙을 조자룡 헌칼 쓰듯 들이대며 반박을 하곤 한다.

"당신은 에너지 법칙도 모르냐." "그런 게 어디 있냐?" 며 화를 내는 이도 있었다. 그러한 경우에는 그저 속으로 웃으며 당하고 있었다.

에너지 법칙 중 두 번째 법칙인 한번 사용한 에너지는 다시 사용하지 못한다는 말을 진실이 아니라고 반증하는 사람이 없는지 모르겠다.

2020년 10월에 입력이 출력보다 2배 많은 전력을 얻을 수 있는 방법 하나와 전지가 방전하게 되면 회로 내에 있는 또 하나의 다른 전지가 부하에 전력을 공급하고 전지로 궤환 하는 중에 전지가 방전하고 방전한 만큼 부하를 동작시키고, 전원으로 돌아가는 전류로 충전하였다가 서버 전지가 설정한 전압까지 낮아지면 이것을 감지한 센서와 전자회로가 방전 모드에서 충전 모드로 전환하고 또 충전이 끝나면 다시 방전 모드로 전환하여 외부로부터 그 어떠한 에너지도 도움받지 않고 충전과 방전을 계속할 수 있는 두 가지 기술을 특허 신청하였다.

원래는 두 기술을 따로따로 2건으로 신청을 하여야 했는데 출원비 때문에 한 건으로 하였다.

특허법에는 영구 전지나 영구 에너지나 영구 동력 같은 '영구'라는 단어가 들어가면 특허등록은 당연히 거절하게 되어 있고 아예 심사를 거절 할 수도 있게 되어 있다.

그것을 알면서도 법에 문제가 있지, 기술에는 문제가 없는데 한번 해보자 하고 발명에 대한 명세서와 도면을 그려서 변리사 사무실로 보냈더니 출원서를 작성하던 분이 연락해 왔다.

출원 명세서에 '영구'라는 단어는 없지만 내용이 에너지 법칙에 해당할 것 같은데 어떻게 하냐고 하길래 한번 신청을 해 보자. 그것도 우선 심사 청구까지 하면서 특허 출원을 하였고 2021년 3월 초에 변리사 사무소로 거절 통지서와 왔다. 그런데 변리사 사무소에서 출원자인 나에게 연락을 주지 않아 모르고 있다가 6개월 이내에 심사가 이루어지도록 우선 심사를 청구하였는데도 신청한 지 6개월이 지나 4월이 다가도록 연락이 없었다. 그래서 5월 6일에서야 확인했더니 5월 19일까지 해명서를 제출해야 하는데 전문가에게 의견서 제출용 서류 준비를 시키고 있다고 했다.

변리사 사무실 부장의 말은 이 기술은 특허 신청 1,000건 중에 하나 정도 있는 사건이라 나는 원리만 제공해서 이 기술에 대한 전문적인 지식이 없는 줄로 알고 자기 사무소에서 의견서를 준비하고 있다고 하였다.

이 발명에 대한 기술은 세계에서 오직 나만 알고 있는 기술인데 나를 제쳐 놓고 누구에게 일을 시킨 건지 난감했다.

의견 제출 통지를 메일로 받아 보니 모두 9페이지인데 기술의 가부에 관해서는 한 마디도 없고 특허권 청구항 내용이 전부 에너지 법칙에 위배되어 등록을 허락할 수 없다라고 되어 있었다.

에너지 법칙을 지금의 물리학계에서는 열역학 법칙이라고 부르고 있다. 그런데 이 에너지는 화석연료가 산소와 합성하는 과정에서 나오는 에너지이고 이 과정에서도 전자에 의하지 않고서는 얻어질 수 없는 것이지만 전자의 화학 반응이 일어나는 과정은 열린회로로서 화학 반응 후 얻어지는 폐기물(실은 활용할 수 있는 에너지원이 될 수 있는 화합물이다.)을 공기 중으로 배출하여 버리는 시스템이라 한 번 사용한 에너지는 재사용할 수 없는 것이다.

전기에너지는 전자의 물리적인 방법으로 에너지를 얻어 사용하는 방법인데 옴의 법칙이나 맥스웰의 방정식을 이유로 거절해야지 화학 법칙을 근거로 특허 등록을 거절하는 것은 받아 드릴 수가 없었다.

통지서의 내용 중 눈에 특별히 띄는 부분이 있었는데 에너지 법칙의 성립에 문제가 있어서 이를 반증을 하지 않는 한 특허 등록을 할 수 없다고 하길래, 변리사 사무소 부장에게 의견서 원본은 내가 반증하는 서류를 작성하고 부장이 특허 서식에 어긋나지 않도록 서류 작성을 하기로 하고 6월 20일에 우선 연기를 하고 1개월 이내에 에너지 법칙의 반증 의견서를 제출하기로 하였다.

그리고 이 책을 만들기로 하고 원고 집필에 들어가

게 된 것이다. 이렇듯 특허 등록의 가부와 관계없이 이 기술을 서적으로 출간하여 기술을 널리 알리고 이후에는 전기에너지를 사용할 때에 사용료를 내지 않고 무료로 사용하는 세상을 만드는 데 조금이라도 기여하고자 한다.

이야기의 논제가 잠시 빗나간 점을 사과드리며 이 모두가 독자의 이해를 위하는 마음에서 그렇게 된 것으로 양해해주시면 감사하게 생각하리다.

한번 사용한 에너지를 재사용하는 두 번째 사용하는 기술이다.

이 기술을 이용한 기기는 우리나라 집집마다 한 대씩은 갖고 있을 컴퓨터의 전원 공급 장치인 '파워서플라이'이다.

전자 기술이 전문이 아닌 분들을 위하여 콘센트에 플러그를 연결하는 것부터 트랜스에 프리머리(1차 코일에 해당) 코일에 전원이 공급되는 과정까지만 언급하고자 한다. 다음 쪽의 [그림 2-3]을 보자.

[그림 2-3]

콘센트 다음에 휠터 회로가 보인다.

이 회로는 쵸크 코일 하나와 3개의 콘덴서로 구성되어 있다. 이 회로가 하는 역할은 외부로 컴퓨터로 입력되는 잡음을 막고 컴퓨터 내부에서 발생하는 여러 가지 잡음과 신호가 외부로 나가는 것을 방지하는 역할을 한다.

다음의 정류 회로는 4개의 다이오드로 구성된 회로인데 교류를 직류로 바꿔 주는 역할을 한다.

우리나라의 경우 가정용 교류 전압은 220V로 되어있다. 전류가 정류회로를 통과하게 되면 교류는 맥류로 변한다.

이 맥류가 교류와 다르고 직류와도 다르다. 교류는 흐르는 방향이 1초에 수 회에서 수만 번씩이나 방향이 바뀌고 맥류는 방향은 한 방향으로 흐르지만 전압이 0V에서 교류 전압의 1.5배까지 높아졌다 낮아지기를 반복하는 것이다. 이 맥류를 높이가 일정하게, 이를테면 220V

의 교류를 정류하면 330V의 직류가 되는데 이 전압은 부하를 연결하지 않았을 경우이고 콘덴서를 삽입하여 전압 평활을 시킨 다음 부하를 연력하면 전지에서 공급되는 전압과 같은 직류 전원이 된다.

다음은 분할 회로이다. 이 회로에는 두 개의 저항과 두 개의 콘덴서가 필요하다. 이 분할기는 정류 회로에서 공갑하는 전압의 2분의 1만이 인버터 구성 소자인 트랜지스터나 MOS FET의 상하 두 소자가 교대로 작동을 하여 콘덴서에 전류를 흘리고 단절함에 따라 콘덴서와 어스 사이에 연결된 트랜스에는 직류가 다시 교류가 되어 흐르게 하는 방식이다.

이 콘덴서에 인버터 회로에서 콘덴서로 전류를 흘리면 충전이 되고 인버터 회로로 콘덴서에 충전된 에너지를 방전시키는 과정에 트랜스 1차 코일에는 교류가 흐르는데 콘덴서에 충전이 되는 동안은 전원으로부터 코일에 전류가 흐르게 된다. 콘덴서가 방전하는 동안에는 전원과의 연결은 끊어져서 전원 공급도 되지 않는다. 오직 한 번 사용한 에너지만으로 처음 공급한 그 에너지양만큼 코일에는 먼저와 반대 방향으로 전류가 흐르게 되어 코일의 1차 입력 코일에는 2배의 전류가 흐르게 된다.

그러나 트랜스의 2차 측에서는 여러 가지 원인으로 입력보다 적은 전류가 얻어지는데 제일 많이 영향을 미치는 것은 주파수이다.

50~60Hz인 일반 교류에서는 90% 이상의 출력이 얻어지지만 주파수 100KHz를 넘어가면 70% 이상 입력 전력보다 출력 전력이 떨어질 수도 있다.

이 책에서 소개하는 2배 회로는 직류 입력에 직류 출력을 얻는 회로로써 입력의 2배가 이루어진다.

그리고 또 하나 미리 알려 드리고 싶은 내용은 이 2배 출력으로 전구나 모터 전열기들을 사용하는 데는 문제가 없으나 충전을 하는 데는 문제가 있다.

이 문제를 해결하는 방법과 2배뿐만 아니라 5배, 7배도 얻을 수 있는 원리까지 이 책에 소개하겠다.

대개의 인버터는 분할 회로의 중간 연결점과 음극에 트랜스를 연결하여 사용하지만 간혹 양극 측과 중간 연결 된 곳의 전압을 사용하는 회로도 있다.

인버터
회로의 설명

앞에서 인버터에 대한 간단한 소개가 있었다.

본 저서에서 소개하는 기술이 인버터 회로를 많이 사용하기 때문에 많은 이들이 전문적인 지식을 가지고 있을 줄 알지만 독자 중에 혹 전기·전자 분야를 전공하지 않으신 분들의 이해를 돕기 위해 조금 더 설명해 드리겠다.

오랜 세월 동안 상식으로 알고 있던 것을 아니라고 하면 쉽게 받아드리지 못하는 분들도 분명히 있으리라 본다.

이 인버터 입력보다 출력이 더 많이 얻어지는 원리가 오래전부터 수없이 사용하여 왔는데 에너지 법칙을 들먹이며 반대하는 사람들이 있고, 또 이런 분들의 사고에 도움이 되라고 다루는 항목이다.

다음의 [그림 3-1]은 인버터 회로의 기본인 컴퓨터의 파워서플라이를 설명하기 위한 그림이다.

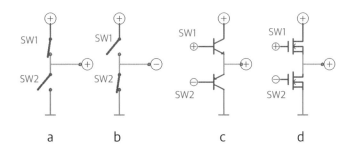

[그림 3-1] 인버터 회로

구조는 양극에서 스위치 2개가 직렬로 음극에 연결되어 있고, 두 스위치의 중간 연결점에서 출력을 얻는 그림이다.

그림 중에서 a도는 양극 측에 있는 스위치 1은 닫혀 있고, 음극 측 스위치 2는 열려 있어서 출력은 양극이 된다.

그림 중의 b도는 반대로 양극 측 스위치 1은 열려 있어서 출력에 전압은 나타나지 않고 스위치 2가 닫혀 있어서 출력은 마이너스 전압이 된다.

이 과정이 반복되면 출력은 전류가 흐르다 그치기를 반복하게 되는 것이다.

[그림 3-1]의 c도는 기계적인 스위치를 트랜지스터로

바꾼, 즉 전자 스위치로 바꾼 것으로 대체로 낮은 전압 적은 전류 회로에 많이 사용하는 회로이며, d도는 전압 중 전류 회로에 많이 사용하고 있는 MOS FET로 구성된 인버터회로이다.

요즘 지하철이나 전기 자동차, 전기 기차에 많이 사용하는 인버터의 스위치는 'IGBT'라는 스위치가 있는데 이 소자는 일반인은 만나 볼 기회가 거의 없을 것이므로 따로 소개하지는 않지만 그러한 것이 있다는 것만 알고 있으면 될 것 같다.

다음의 [그림 3-2]는 인버터에서 직류 전기가 교류 전기로 바뀌는 상태를 그림으로 나타낸 것이다.

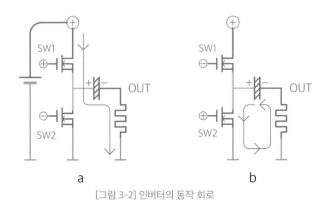

a   b

[그림 3-2] 인버터의 동작 회로

그림에서 a와 b는 인버터의 동작 원리를 설명하는 것

인데 FET의 게이트에 신호만 공급하면 작동할 수 있는 회로이다.

위 그림 중에서 a는 양극에서 흐르는 전류가 화살표를 따라 히터를 가열하고 어스로 통하여 전원까지 흐르게 된다. 흐르는 전류는 콘덴서가 충전을 마칠 때까지 전열기를 통하여 음극으로 흐른다.

콘덴서가 충전을 마치게 되면 전원 연결을 아무리 오래도록 유지를 해도 더 이상은 전류가 흐르지 않는다.

당연히 전원에서는 콘덴서에 충전된 만큼만 전류를 흘리고 부하인 저항은 흘린 만큼만 일하게 된다.(이 경우에는 발열을 한다.)

앞에서도 언급했지만 부하는 에너지를 소모하여 없애는 것이 아니고 전지에서 나간 전기에너지는 전지 안에서 없어져도 콘덴서를 지나간 에너지는 콘덴서에 전부 저장되어 있다.

에너지가 '소모된다', '없어진다'라고 했지만 에너지는 없어지지 않고 다른 모습으로 존재하는 것이다.

마지막으로 한번 더 설명하고자 한다.

콘덴서의 음극에는 전자가 많이 있다. 필자는 전자가

많이 있다는 말보다는 '전하'가 많이 있다고 말하고 싶은데 독자 중에 전자라는 단어보다 '전하'라는 단어를 더 생소하게 생각하실 분들이 있을까 싶어서 전자로 표현했다.

이 전자가 부하를 통과하여 콘덴서의 양극으로 들어가면 양극에도 전자가 점점 많아지는데 양쪽의 전자수, 또는 전하 값이 같아지면 양쪽(음극과 양극)의 전압은 같아지고 전자의 흐름, 전류는 멈추게 되는 것이다.

전류는 흐르지 않아도 좀 전에 전류를 흐르게 하고 부하에 일하게 한 전자는 원래의 양 그대로 전지나 콘덴서에 저장되어 있다.

이것을 외부에서 다시 흐르도록 유도를 하고 자극을 주면 우리는 다시 에너지를 사용하는 것이다.

전류는 음극 또는 양극으로 말하지 않고 전자가 많은 쪽에서 적은 쪽으로 흐르며 또 다른 말로는 전압이 높은 곳에서 낮은 곳으로 흐른다고 말한다. 즉, 회로 내의 그 어느 곳에서도 소모되어 없어지는 것이 아니라는 것이다.

나는 이 원리를 확신하면서 서버 전지가 방전하게 되

면 회로 내에 있는 리시버 전지를 두어서 방전한 만큼 충전을 하고, 서버 전지가 설정한 전압까지 낮아지면 회로의 연결을 변화 시켜 리시버 전지에 충전된 전압으로 서버 전지에 재충전시키는 방법을 계속함으로써 외부 에너지 공급 없이 자동으로 충방전을 계속하게 하는 방법을 고안하게 되었다.

이 방법을 궁금하게 생각하는 독자 여러분들에게 공개하지만 지금까지 소개한 도면이나 그림들은 이미 공개된 기술이라서 여러분들이 어떻게 사용하시든지 필자와는 무관하나 다음에 소개하는 기술들은 대부분이 저작권 침해의 소지가 있으니 각별히 조심하시기를 바란다.

개인적으로 만들어 실험하여 더 낳은 기술을 개발하는 것은 바람직하지만 저자의 허락 없이 이 기술을 이용하여 이익을 탐하는 등의 일은 조심해야 할 것이다.

아직도 이해가 어렵거나 미심쩍은 부분이 있다고 생각하시면 유튜브에서 콘덴서에 관한 것들을 열람해 보고 콘덴서에 직류와 교류를 인가하였을 때의 작용을 알아보시기를 권한다.

본문에 들어가기 전에 한 번 더 강조한다. 모든 축전지 전류, 즉 전하(전압)는 높은 곳에서 낮은 곳으로 흐른다는 것이다. 왜 이 말을 거듭 강조하는지는 [그림 5]의 도해를 보면 알게 될 것이다.

2배 출력 원리와
실용 회로

솔레노이드 코일을 두 개 준비한다.

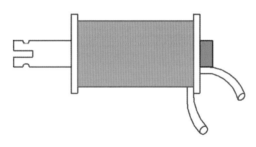

[그림 4-1] 솔레노이드

전압은 12V이고, 전류는 0.5A 이하 정도면 된다. 0.5A 라도 6W의 출력이니 이 정도이면 용도가 다양하다.

이 솔레노이드는 우리가 알고 있는 전자석인데 이것

으로 여러 가지 스위치도 만들고 밸브도 만들며 모터도
만들 수 있는 아주 쓰임새가 있는 기기이다.

　다음 그림은 입력 전력보다 출력이 2배로 많은 회로
도의 기초 도면이다.
　입력 전압(V)은 변하지 않고 전류(A)가 2배가 출력되는
데 전력(W)은 전압 곱하기 전류이니 출력 전력이 2배가
되는 회로도이다.

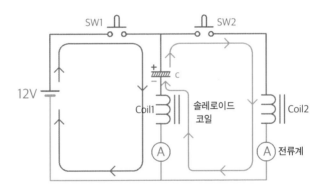

[그림 4-2] 2배 기초 도면

　솔레노이드를 구했으면 다음에는 콘덴서도 하나 구
한다. 용량은 1,000~2,200uF에 내압이 25V 이상 되는 콘
덴서 하나와 누르면 스위치가 도통하고 놓으면 전류

가 끊어지는 푸쉬 스위치 2개와 12V 전지가 하나 필요하다.

전지는 건전지나 다시 충전하여 계속 사용하는 축전지(배터리)로 전압은 12V, 전류는 1A 이상인 것으로 하며 어댑터도 된다. 1A까지 측정 가능한 전류계 2개도 필요하다.

준비한 부속들을 위의 [그림 4-2]의 그림처럼 연결한다.

스위치 1을 누르면 전류는 콘덴서와 코일 1을 통과하여 전지의 음극으로 들어가고, 코일은 전자석이 되어 코일의 중심에 있는 연필 굵기의 연철로 된 쇠막대를 끌어들였다가 원래대로 되돌아간다.

이때 솔레노이드 코일은 찰칵하는 소리를 낸다. 동시에 전류계1은 최고 0.5A까지 회전하고 콘덴서가 충전하여 전원 전압과 콘덴서의 전압이 같아지면 아무리 오래 스위치1을 누르고 있어도 더는 전류가 흐르지 않게되고 전류계 지침도 0의 자리로 복귀하게 된다.

전류가 흐르지 않으면 코일에 있는 연철로 된 쇠막대는 솔레노이드의 중심에 아마추어와 함께 장착되어 있는 스프링의 반발력으로 원래대로 튀어나오게 된다.

이제는 스위치 1에서 손을 떼고 대신 스위치 2를 누르면 전원과의 연결은 끊어진 상태라서 전원으로부터는 전력 공급이 되지 않는다. 대신 이미 전원 전압으로 충전되어 있는 콘덴서로부터 전류가 흘러나와서 스위치 2와 솔레노이드 코일 2와 전류계 2를 통과한 다음에 전지 전원으로는 흐를 수가 없고 콘덴서의 음극으로 궤환을 하게 되며 콘덴서의 방전이 끝날 때까지 솔레노이드 1이 동작한 과정을 똑같이 반복하게 된다.

이때 코일과 전류계 2는 전력이 전지로부터 공급되던 때와 같은 작동을 한다.

결과를 말하면 전지에서 솔레노이드를 1회 동작시킬 만큼만 방전하였는데 똑같은 용량의 솔레노이드 2개를 동작시켰으니 이 회로에서는 하나의 전원에서 나온 전력으로 하나의 솔레노이드를 작동시킬 만큼의 전력을 공급하였는데 일은 두 배를 하게 되었다.

필자의 생각에는 이것으로 입력보다 출력이 배로 많았다는 것이 충분히 되었다고 보지만 실용 회로에서는 부족하다든지 무리라고 주장하는 분들을 위하여 다음의 회로 하나를 더 소개하고자 한다.

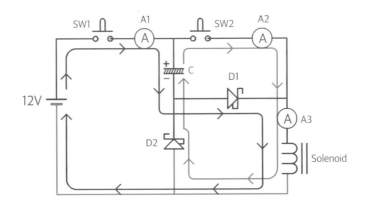

[그림 4-3] 전류의 방향

[그림 4-2]는 두 개의 부하(솔레노이드)를 동작시키는 실험이었다. [그림 4-3]은 전원 하나와 코일 하나, 콘덴서 하나를 사용하여 전원에서 1이라는 전력으로, [그림 4-2]에서는 두 개의 부하를 각각 한 번씩 동작하게 하던 것과 달리 1의 전력을 공급받아서 솔레노이드는 연달아 두 번을 동작하는 회로이다.

작동 원리는 설명하지 않아도 그림에 표시된 대로 스위치1을 닫았을 때 전류가 흐르는 길과 스위치 2를 닫았을 때에 흐르는 전류의 길을 천천히 따라가다 보면 이해되리라 믿는다.

이 실험을 보시고 여러분들도 직접 실험을 하실 의향

이 있다면 재료를 구입하는데 약 5만 원 정도면 충분하
리라 생각한다. 또한 이 소식이 여러분들에게 직접적인
도움이 안 될지라도 지금까지 우리가 확신했던 절대 변
하지 않을 것이라고 알고 있던 에너지 법칙 중에서 한
번 사용한 에너지를 당연히 다시 사용할 수 있다는 진
실을 알게 되면 앞으로 살아가는 동안 여러분도 이 기
술을 이용하게 될 기회가 있을 수 있고 직접 도움 되는
일이 있기를 희망한다.

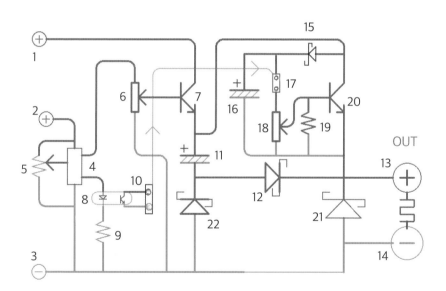

[그림 4-4] 2배 기술 회로도

[그림 4-2]부터 [그림 4-4]까지의 회로는 부하가 저항이거나 코일이라면 사용하는 데는 문제가 없지만 태양광 발전이나 풍력 발전기에서 발전되는 전기로 축전지에 충전하기에는 문제가 생길 수 있다.

문제의 원인은 콘덴서와 전지가 직렬로 연결되기 때문에 콘덴서와 충전할 전지에는 각각 전원 전압의 2분의 1씩만 충전되기 때문이다.

[그림 4-4]는 지금까지는 손으로 직접 스위치를 작동시켜 실험을 하였다. 그런데 이런 디자인으로는 실제 사용에는 문제가 있고 불편하기 때문에 자동으로 2개의 스위치를 작동시키는데 1초당 수십 회에서 수만 회까지 작동시킬 수 있는 회로이다.

원리는 [그림 4-3] 도해와 같으므로 도면에 있는 부속의 번호 순서대로 하나하나 설명하도록 한다.

이 회로대로 하면 수십 와트(W)의 전구나 모터를 구동할 수도 있고 트랜지스터를 FET로 교환하면 수백 와트(W)도 가능하다.

출력에 부하로 트랜스를 사용하면 전력 증강은

150~170%로 줄어들겠지만 트랜스로 출력하고 DC로 정류 후 다시 트랜스를 연결하고 또 하고 하면 3배, 5배, 10배도 가능하다.

독자들을 염려해서 한 번 더 일러두는데 실험실에서 연구하는 것 정도는 이해하지만 이 기술이 이익과 관련된다면 문제가 생길 수 있으니 사전에 동의를 받고 행하시기를 부탁드린다.

1번과 2번은 전원 입력 단자인데 1번은 양극 2번은 음극이다.

3번은 볼륨인데 원하는 주파수를 결정한다.

4번은 필요한 주파수로 발진하는 주파수 발생기로 출력 단자는 2개이다. 하나의 출력 단자가 신호를 내보내면 다른 단자가 출력은 0이고 신호를 보내던 단자가 쉬게 되면 다른 단자가 대신 신호를 내보내는 원리이다. 두 출력 단자가 교대로 신호를 발생하여 이 신호를 받아서 작동하는 전자 스위치 트랜지스터 7과 20은 교대로 전류를 흘렸다 그치기를 반복하게 되는 것이다.

6번은 주파수 발생기의 전압과 트랜지스터 7의 베이스 전압이 다를 경우 트랜지스터에 가장 알맞은 전압으로 조정해주는 볼륨이다.

7번은 전원으로부터 콘덴서와 부하에 전류를 흘렸다 그치기를 반복하게 하는 전자 스위치이다. 전력이 수십 와트(W) 이하일 경우에 많이 사용하고 수백 와트(W) 이상이면 MOS FET를 많이 사용하며 수백 킬로와트(Kw) 이상이면 IGBT를 많이 사용한다.

8번은 포토커플러이다. 잡음으로부터 격리해 회로를 안정되게 작동시키기 위하여 전기 신호를 빛의 신호로 바꾸어 주는 역할을 한다.

9번은 포토커플러의 발광 다이오드에 과전류가 흐르지 않도록 보호해주기 위하여 삽입된 저항이다.

10번은 포토커플러의 출력을 멀리 떨어져 있는 트랜지스터 20의 베이스에 전압을 공급하여 주는 단자 17에 전선을 연결할 수 있는 단자이다.

11번은 이 회로에 재생 전력을 발생시키는 제2의 전원에 해당하는 콘덴서이다.

12번은 쇼트키 다이오드이다.

보편적으로 정류회로에 많이 사용하고 있는 실리콘 다이오드와 다른 점은 실리콘보다 쇼트키 다이오드의 전압 강하가 적고 고주파에서도 동작 특성이 좋기 때문이다. 직류 전원의 전압이 12V보다 낮은 경우에 많이 사용하고 더 높은 전압, 이를테면 100V 이상이면 실리콘 다이오드를 많이 사용한다.

요즘 많이 사용하는 승압 컨버터 회로나 감압 컨버터 회로에 많이 사용한다. 전원 전압은 12V인데 2~10V가 필요하거나 20~30V 이상이 필요할 때는 사용 주파수가 100KHz 이상이라 주파수 특성이 좋은 쇼트키 다이오드가 많이 활용되고 있다.

참고로 실리콘 다이오드는 0.7V 정도가 감압이 되는데 회로상에 두 개의 다이오드를 전류가 통하게 하면 1.4V 정도의 전압이 낮아지므로 전원 전압이 12V이면 영향이 있을 수 있다. 그러나 쇼트키 다이오드 하나는 0.3V가 낮아지도록 두 개를 직렬로 연결하여 사용하여도 0.6V만 다운된다면 사용에 지장이 적을 것이다.

13, 14 이 두 번호는 출력 단자에다 13번에 부하의 양극을 연결하고 14번에는 음극을 연결하여 사용하면 된다.

15번, 이 다이오드의 역할은 트랜지스터 7이 도통을 하면 동시에 콘덴서 11에도 충전을 하고, 동시에 콘덴서 16에도 충전하게 되고, 콘덴서 16에 충전된 에너지가 다른 곳으로는 방전이 되지 않고 오직 트랜지스터 20의 베이스에만 전압을 공급하게 한다.

16번 콘덴서는 재생 에너지를 사용함에 있어 콘덴서 11의 전압이 낮아져서 2V 이하로 낮아져도 트랜지스터가 도통함에 있어 무리가 없도록 베이스에 충분한 전압을 유지하는 역할을 위하여 사용했다.

17번은 포토커플러 8의 출력이 있는 시간 동안만 콘덴서16으로 전류를 볼륨 18에 흐르게 하여 트랜지스터 20의 베이스에 전압을 공급한다.

18번, 즉 볼륨 18에 인가되는 전압은 전원 전압과 비슷하지만 트랜지스터 20의 베이스가 필요로 하는 전압은 이보다 낮으므로 베이스가 필요로 하는 전압으로 공급하게 한다.

19번은 트랜지스터 7이 도통하는 동안 트랜지스터 20은 전류를 완전히 차단해야 한다. 만약 포토커플러의 출력이 없어지면 트랜지스터 20의 작동을 완전히 멈추기 위해 트랜지스터 20의 베이스 전압이 0V가 되게 하고, 트랜지스터에서 전류를 확실하게 0V가 되도록 한다.

20번은 콘덴서 11에 저장된 전기에너지를 재사용 할 수 있게 하는 전자 스위치인 트랜지스터이다.

21번은 부하가 코일 종류일 경우 코일에 흐르던 전류가 갑자기 차단되면 코일에는 전류가 흐르는 동안 유지되던 양극 음극의 방향이 반대로 되어 회로나 부품에 역전압이 흐를 수 있는데 이를 방지하는 작용을 한다.

22번 다이오드는 콘덴서 11에 에너지가 충전 중에는 전류의 흐름을 허락하지 않지만 콘덴서가 방전하게 되면 방전된 에너지가 전원 전지로 가지 않고 콘덴서의 음극으로 궤환할 수 있는 통로가 된다.

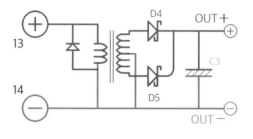

[그림 4-5]

위 그림은 [그림 4-4]의 출력 단자에 이 회로도를 더 하면 다른 전지에 충전도 되는 간단한 도면이다. 이 회로 그림도 입력보다는 출력이 더 많아 질 수는 있으나 크게 기대하지는 않으며 1.6배~1.9배까지는 가능하다.

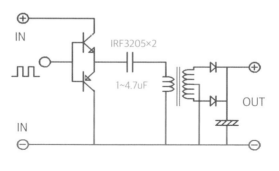

[그림 4-6] 회로도

위 그림은 [그림 4-4]의 출력에 인버터 회로와 콘덴서 하나 그리고 트랜스 하나를 더 하였다.

이렇게 하면 트랜스의 1차 코일에는 전원에서 공급되

는 에너지보다 배가 더 많이 공급된다.

코일에 1Hz가 흐를 경우 전 반파는 전원에서 공급하고, 후 반파는 100% 콘덴서가 재생 에너지를 공급하며 트랜스의 2차 코일에는 입력보다 정확하게 2배가 많은 전류가 흐르게 된다.

2차 코일 다음에 있는 두 개의 다이오드와 콘덴서가 있는데 다이오드는 교류 출력을 양파 전류를 정류하여 직류가 되게 하고 콘덴서는 전류의 리플을 평활하여 직류에 가까운 직류 전원이 출력된다.

이 2배 회로를 사용하여 충전지에 원래 전지에서 출력된 에너지보다 더 많이 충전하기를 원할 때 사용해 볼 만한 회로도이다.

이 회로의 단점은 전원에서 코일의 1차 코일에는 정확하게 2배가 입력되지만 2차 코일에는 트랜스에서 전류에 유도 손실이 생기는 것은 감수해야 한다.

특히 태양의 출력 전력이나 풍력 발전기의 출력되는 전력을 발전량보다 더 많은 에너지를 충전지에 충전하기를 원할 때 사용하면 된다.

출력을 2배 이상, 3배, 5배의 전력을 얻고자 하면 2배 회로의 출력에 [그림 4-6] 회로를 두 번, 세 번……
연결하여 사용하면 원하는 더 큰 전력을 얻을 수 있다.

자동
충방전 회로

　지금부터 소개하는 기술은 외부로부터 그 어떠한 에너지의 도움 없이 시스템 내에 있는 서버 전지가 방전하고 전기나 전자기기를 동작시키는 원리이다. 이는 회로 내에 존재하는 리시버 전지가 서버 전지에서 방전한 에너지 전부를 저장(충전)하고 서버 전지의 전압이 허용 설정 전압까지 방전이 되면 센서가 이를 감지하여 전환 스위치를 작동시킨 후 충전 모드로 전환한다.

　충전 모드로 바뀌면 세 그룹의 전지들은 모두 병렬로 연결된다. 그리고 서버 전지가 방전한 에너지를 모두 충전한 리시버 전지가 이미 방전한 서버 전지에 에너지를 나누어 주어 재충전시킨다. 세 전지의 전압이 같아지면 충전 센서가 이를 감지하여 각 스위치를 전

환시켜 서버 전지는 다시 방전 모드로 전환되어 방전
하게 된다.

이 기술은 전지의 수명이 다할 때까지 수년 내지 수십
년을 반복하게 하는 기술이다.

여기에서 사용하는 전지는 충전과 방전을 할 수 있는
충전지인데 이후로는 줄여서 그냥 '전지'라고 한다.

자동차에서 많이 사용하는 황산납 전지, 리튬 이온 전
지, 리튬 폴리머 전지, 리튬 인산철 전지, 니켈 카드뮴 전
지, 콘덴서로 된 각종 축전기 등도 모두 사용하여 원하
는 목적을 얻을 수 있다.

그림을 보면서 설명을 해보자. 다음의 [그림 5-1]의 a
도를 보자.

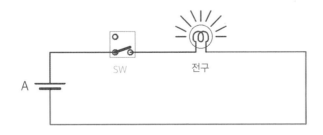

[그림 5-1] a도

스위치가 닫혀 있어서 전지는 전류를 흘리고 전구는

빛을 낸다. 이해를 돕기 위하여 전지 전압은 12V라 한다. [그림 5-1]의 b도를 보자.

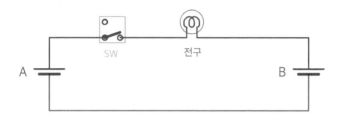

[그림 5-1] b도

이 그림이 a도와 다른 점은 전지 A와 B 두 개가 양쪽에 하나씩 있다.

이렇게 되면 스위치를 닫아도 전구의 양 전극은 같은 12V의 전압이 되어 전류는 흐르지 않고 전구에는 불이 켜지지 않게 된다. 다음은 [그림 5-1]의 c를 보자.

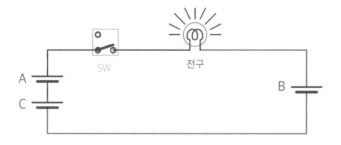

[그림 5-1] C도

전지 A의 반대인 오른쪽에 전지 B가 있고 전지 A의 바로 밑에 전지 C가 직렬로 하나가 더 있다.

전지 A와 C, 2개의 전지가 양극이 모두 전구 쪽을 향하고 있어서 합의 전압은 24V이고 오른쪽에 위치한 전지 B는 12V이므로 전구의 양 전극에는 12V의 전압 차이가 있다. 이제 전류가 흘러서 전구에는 불이 켜지게 된다.

지금부터는 여러분이 아직 단 한 번도 생각하지 못했고 상상조차 해보지 못했던 현상을 보게 될 것이고 또 알게 될 것이다.

전지 A와 전지 C를 서버 전지라 하고 전지 B를 리시버 전지라고 하자.

배구에서 공격을 시작할 때 먼저 서비스하면 공격을 받는 쪽에서는 리시브하는 것과 같은 의미다.

서버 전지들이 방전하고 있는 동안에는 리시버 전지는 서버 전지들이 방전한 만큼 충전을 한다.

전지 B가 싫어하고 거절하여도 방법이 없다.

에너지 법칙이고 자연법칙에 위배된다는 말이나 변

명은 통하지 않는다.

세상의 모든 충전지는 자신이 가지고 있는 전압보다 전압이 낮은 기기에 연결되면 전류를 흘려보내고 대신에 가진 전압보다 높은 전지나 전원에 연결되면 받아들여서 충전하게 된다.

물론 허용 전압보다 높은 전지나 전원에 연결되면 과충전에 과전압 되어 전지의 성능을 저하시키기도 하고 심하면 화재나 폭발도 염려해야 할 것이다.

그러나 자동 충방전 전환 회로는 과방전과 과충전 방지 회로가 있어서 서버 전지의 전압이 이미 설정되어 있는 한도 전압까지 낮아진다. 센서가 이를 감지하고 회로 내에 있는 전환 스위치들을 동시에 충전 모드로 전환하면 3개의 전지는 모두 병렬로 연결이 된다. 이때 리시버 전지 B는 충전된 전력을 모두 서버 전지로 되돌려 주어서 서버 전지는 방전하기 전의 전압으로 되고 리서버 전지는 충전하기 전의 전압으로 다시 충전되어져 3개의 전지는 모두 원래의 전압 12V를 유지하게 된다.

몇 개의 전환 스위치를 동시에 동작 시켜 단 한 번의 조작으로 방전 모드에서 충전 모드로, 또 충전 모드에서 방전 모드로 전환을 하려면 전지의 배치를 다르게 할 필요가 있었다. 그래서 전지를 재배치한 그림이 [그림 5-2]의 a, b, c이다.

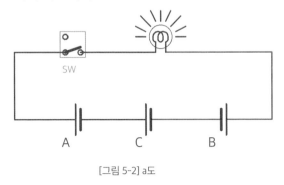

[그림 5-2] a도

[그림 5-2]의 a도가 [그림 5-1]의 c도와 전지의 수는 같은데 다른 점은 c도에서는 전지가 모두 양옆 쪽에 있던 것을 본 도 a에서는 아래에 있는 라인으로 옮긴 것이다. 이유는 충전할 때의 연결도와 방전할 때의 스위치 연결을 쉽게 하기 위해서이다.

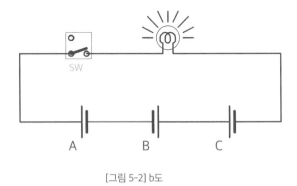

[그림 5-2] b도

a도와 b도의 차이점은 전지 B와 C의 위치가 서로 바뀐 것이다. 그래도 각 전지의 서브, 리시브, 전지의 역할에는 변함이 없다. 그림 b도와 c도는 같은 것인데 전지가 연결된 선이 직선이 아니고 전지의 음극과 양극이 수평으로 향하던 것을 수직으로 바뀌었을 뿐이고 위치와 순서는 변함이 없다.

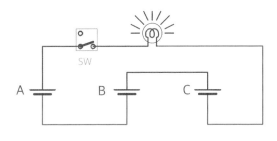

[그림 5-2] c도

　　이 c도는 전환 스위치 2개를 더 추가해서 충전 회로로 전환하기 쉽게 하려고 배선을 조금 바꿔 보았다.

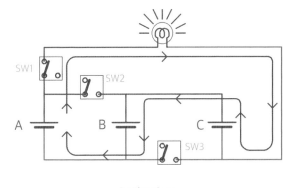

[그림 5-3] a도

앞서 그림에서 스위치 2개를 더 추가 하였을 뿐이다.

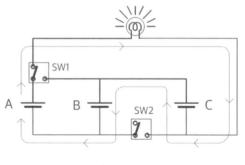

[그림 5-3] b도

위 그림이 이전 [그림 5-2]의 c도와 다른 점은 전지의
수는 같으나 이전 그림에는 스위치가 3개이던 것을 하
나를 줄여 2개로 바꾼 그림이다. 이 2개의 스위치를 동
시에 한 번씩 전환하면 모든 전지는 직렬로 연결되어
전구에 전류를 흘려보내기도 하고 병렬로 연결되어 방
전으로 인하여 서버 전지와 리시버 전지의 낮아진 전압
을 원래의 전압으로 되돌리게도 된다.

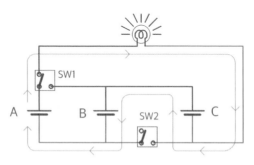

[그림 5-3] b도

b도는 [그림 5-3]의 a도에 있는 3개의 스위치 중 sw1과 sw2, 두 개의 스위치가 하던 역할을 스위치 sw1 하나로 하게 하였다.

이 그림은 스위치 2개가 방전 모드로 되어 있어 전구는 켜져 있다.

그림 b에서 sw1은 출력할 수 있는 접점 2개를 모두 사용하여 접점 하나가 on을 하면 나머지 접점은 off를 하고 on 접점이 off를 하게 되면 나머지 접점은 on으로 바뀌는데 두 접점이 서로 반대로 작동하게 하였다.

sw1은 두 접점이 서로 다르게 작동을 하고 sw2는 하나의 접점만 사용하는데 on과 off 작용만 반복하는 역할을 한다.

회로가 충전 모드로 전환이 되면 전구의 불은 꺼지고 출력이 되지 않는데 충전 중에도 부하를 작동시키게 되면 이때는 부하에 공급된 에너지는 리시버 전지 B에 저장되지 않는다.

충전 중에도 에너지를 공급받으려 하면 출력 측에 또 다른 전지를 연결하여 방전 중에 이 전지에 충전하고 이 전지로부터 에너지를 공급받아 내가 원하는 기기를 구동하는 방법이 있다.

100W 출력의 자동 충방전기로는 하루에 2Kw의 충전지에 완충시킬 수 있고 이 충전 된 대용량 전지의 전기로 믹서기나 커피포트, 전기밥솥 등도 사용할 수 있다.

또 다른 방법은 두 개의 자동 충전기를 준비하고 두 기기로부터 교대로 에너지를 공급 받게 되면 충전 모드에서도 공백 시간 없이 항상 에너지를 사용할 수 있으니 각자가 자기 형편에 맞게 사용하면 될 것이다.

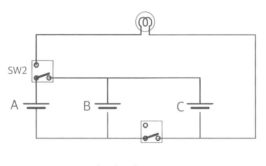

[그림 5-3] c도

위 그림은 스위치들이 모두 재충전 모드로 작동할 때의 그림이다.

3개의 전지는 모두 병렬로 연결되어 있고 출력 단자나 부하 쪽으로는 전류가 흐르지 않게 되어있다.

전지 A와 C는 방전으로 인하여 전압이 다운되어 있고
두 전지가 방전한 만큼 전지 B는 승압 되어 있는 것을
방전하기 전의 전압 상태로 되돌아가게 되고 모든 전지
는 같은 전압을 유지하게 된다.

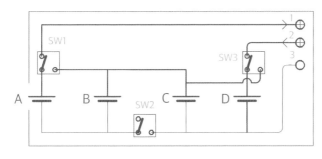

[그림 5-3] d도

c의 회로에는 없던 sw3과 전지 D가 추가되었다.

전지 D의 용도는 전지 A와 B와 C가 충방전을 거듭하
다 보면 전압도 전류도 점점 줄어든다.

첫 번째 이유는 전해질이 첨가된 전지에는 공급되는
전력에 충전 능력이(속도) 따르지 못하여도 공급된 에너
지는 기다려 주지 않고 전원으로 궤환하면서 바로 없어
진다.

이러한 문제점을 보완하기 위하여 전지 D를 하나
더 추가하여 서버 전지가 방전을 하는 동안 출력의
10~20% 정도를 저장하는데 저장하는 동안 전지 D는 전

지 A, B, C의 전지에 일절 관여하지 않다가 충전 모드로
전환 되면 sw3의 전환에 작용에 의하여 지금까지 출력
으로부터 공급받던 것을 멈추고 이미 충전된 에너지를
전지 A, B, C에 골고루 나눠 준다.

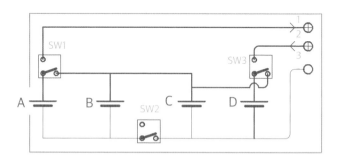

[그림 5-3] e도

위 그림은 그림 d와 반대되는 그림이다.

앞쪽의 그림 d는 서버 전지들은 방전하고 있고 리시
버 전지는 서버 전지가 방전하는 에너지 전부를 충전하
고 있다. 보조 전지 D도 약간의 전력을 충전하고 있는데
그림 e의 서버 전지는 반대로 리시버 전지와 보조 전지
로부터 전력을 공급받아서 충전되고 있다.

충전을 마치면 회로는 자동으로 방전 모드로 전환되
어 출력 단자로 전력을 공급한다.

이 과정을 외부의 에너지 공급을 받지 않고도 계속하여 반복하게 된다.

이 회로도는 d도와 부품은 같은데 릴레이 스위치의 접점이 서로 반대로 되어 있어 d도는 방전 모드로서 서버 전지들은 전류를 방출하고 있고, 리시버 전지는 방전된 전류를 모두 충전을 하고 있다. 이 그림에서는 표시가 되어 있지 않은데 출력된 에너지로부터 약간의 전류만 충전한다.

지금은 이해하기 쉽도록 부분 부분만 소개 하고 있는데 말미에 모든 회로를 연결한 회로도를 공개하겠다.

자동 충방전
전용 회로도

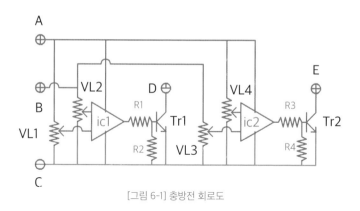

[그림 6-1] 충방전 회로도

[그림 6-1]은 본 기술을 실용화함에 있어서 서버 전지
가 방전하면 전압이 점점 낮아진다. 전압이 더 낮아지
면 안 되는 전압까지 낮아지게 되면 IC1이 이를 감지하

고 부하에 전류를 공급하던 것을 중지하고 총 5개가 있는 스위치 중에서 릴레이 5를 제외한 4개의 스위치를 한꺼번에 방전 모드로 전환시킨다.

회로도의 작동을 상세하게 설명하기 전에 각 소자의 명칭과 기본 역할을 먼저 설명한다.

물론 전자공학 전공자들에게는 필요 없는 과정이지만 지금 이 책을 보고 싶어 하는 저자의 주변 사람들은 95%가 옴의 법칙이 있다는 것은 알지만 저항은 길이에 비례하고 단면적에 반비례한다는 것까지는 모르고 있는 분들이다.

A는 두 개의 IC에 필요한 12V의 전압을 공급하는 전원 입력 단자이다.

B도 양극 전원 입력 단자인데 여기에 입력되는 전압은 전압이 일정하지 않고 수시로 변하는 전지의 전압을 공급하는 입력 단자이다.

C는 양극 전원 입력 단자 A, B에 대하여 공통의 음극 단자이다.

ic1은 전지의 전압이 더 이상 낮아지면 안 되는 최저 전압을 검출한다.

ic2는 충전 중에 완전히 충전되면 충전 모드에서 방전 모드로 바꿔준다.

VL1은 방전 시 최저 전압에 설정된 볼륨 1이다.

VL2는 이 볼륨으로부터 ic1의 −(마이너스) 단자로 공급되는 전압이 VL1에 설정된 전압보다 낮아지면 방전 모드를 중단하게 한다.

R1은 ic1의 출력을 스위치 트랜지스터1의 베이스가 원하는 적당한 전압과 전류를 공급한다.

R2는 ic1의 출력이 없을 시에 트랜지스터에 흐르는 전류를 확실하게 차단하게 한다.

ic2는 충전이 완전히 되면 회로를 다시 방전 모드로 전환하게 한다.

VL3은 전지의 충전 중에 충전 정도를 수시로 ic2에 입력한다.

VL4는 더 이상 충전이 되면 각 전지의 수명을 단축하게 하거나 화재 또는 전지의 폭발을 예방하도록 하는 최고 안전한 전압에 설정되어 있다.

R3은 ic2의 출력을 트랜지스터2의 베이스에 가장 적당한 전압과 전류를 공급한다.

R4는 ic2가 출력을 하지 않으면 트랜지스터 Tr2가 확실하게 전류를 차단하게 한다.

Tr2는 ic2의 명령하는 대로 전지가 완전한 충전을 하게 되면 충전 모드에서 방전 모드로 전환하게 한다.

D는 Tr1의 콜렉터에 연결된 양극 입력 단자인데 다섯 개의 릴레이 중에서 첫 번째 릴레이의 음극에 연결된다.

E는 Tr2의 콜렉터에 연결되어 있는데 다섯 번째 릴레

이의 코일 음극에 연결된다.

[그림 6-1]의 회로도에 대한 설명에 들어간다. 회로도는 하나이지만 이 회로도는 같은 기능을 하는 똑같은 회로 2개가 합쳐져 있다.

첫 번째 트랜지스터는 자동 충방전 시스템의 방전 전압을 감시하다가 VL1에 설정된 전압보다 낮아지면 트랜지스터가 전류를 흘리게 하고 트랜지스터의 콜렉터에 연결된 첫 번째 릴레이가 작동하게 되며 시스템은 지금까지 서버 전지가 방전하던 상태를 충전 모드로 전환된다.

충전이 시작되면 전원 B의 전압이 IC1에 설정된 전압보다 높아져도 코일 1, 2, 3, 4에는 계속 전류가 흐르게 되어 있어 충전은 계속된다.

드디어 충전 전압이 최고조에 이르면 이번에는 IC2의 출력 전압이 높아져서 트랜지스터 Tr2의 베이스 전압을 높이고 트랜지스터는 콜렉터에서 에미터로 전류를 흐르게 한다. 이 콜렉터에 연결된 다섯 번째 릴레이도 전류가 흘러서 지금까지 첫 번째 릴레이부터 네 번째 릴레이에 흐르던 전류를 차단하게 되고 지금까지 충전 모드를 유지하던 회로는 다시 방전 모드가 된다.

이처럼 기기는 서버 전지가 방전하게 되면 자동으로 외부로부터 에너지 공급을 받지 않고도 충전과 방전을 계속하게 된다.

충방전 전환용
릴레이 모듈

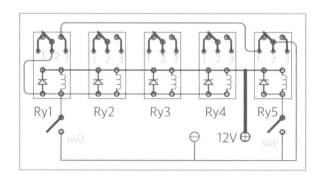

[그림 7-1] 릴레이 연결도

위 그림은 충방전 시스템을 충전 모드에서 방전 모
드로 전환하고 다시 방전 모드에서 충전 모드가 되게
하는데 필요한 릴레이의 접속 방법에 관한 것이다.

릴레이 안에는 전자석이 있고 전자석의 코일에 전류가 흐르게 되면 스위치의 접점이 전자석 붙었다 떨어졌다 하면서 우리가 원하는 목적을 이루게 한다.

릴레이의 스위치는 단순히 전류를 흘렸다 끊었다만 할 수 있는 2접점 스위치가 있고 전류의 방향도 바꿀 수 있는 스위치의 접점이 3개인 릴레이도 있다.

위 그림에서는 모두 3접점 릴레이를 구입하여 2접점만 사용하기도 하고 3접점 모두를 사용하기도 하였다.

릴레이는 모두 5개로 구성되어 있는데 나는 이것을 '릴레이 모듈' 또는 '스위치 모듈'이라고 한다.

이 모듈 중에서 가운데 있는 3개의 스위치는 각 전지와 직접 연결되어 있지만 첫 번째인 sw1과 다섯 번째인 sw5는 충방전 기판 회로와 연관이 더 많다.

모듈마다 하나씩 있는 코일의 입력에는 충방전 회로에 공급되는 전원 12V와 같은 전원에서 공급받고 있으며 첫 번째 코일 L1의 다른 한쪽은 [그림 6-1]의 충방전 회로도의 트랜지스터 1의 콜렉터에 연결되어 있으며 코일과 병렬로 연결되어 있는 다이오드의 애노드와 릴레이 1의 스위치 접점 2에도 연결된다.

이 다이오드는 코일마다 하나씩 병렬로 연결되어 있는데 이 다이오드들의 역할은 코일에 공급되던 전류가 갑자기 멈추면 각 코일에는 역 기전력이 생겨난다. 이 역 기전력을 다이오드로 흘려서 역 기전력 전류가 여러 가지 회로 또는 병용하여 사용하는 PCB 보드에 영향을 줄 수 있는 것을 미연에 방지하는 역할을 한다.

L2, L3, L4의 양극에 연결되어 있지 않은 코일의 다른 한 끝도 모두 접점 2에 연결되어 있다.

릴레이 1의 접점 3은 릴레이 5의 접점 1과 연결되고 릴레이 5의 접점 2는 12V 전원의 음극(마이너스 측)에 연결된다.

본 회로도에는 표시가 되어 있지 않았는데 릴레이의 각 접점에도 병렬로 0.1~1uF 정도를 연결하면 접점이 붙었다 떨어졌다 할 때 접점에 생기는 스파크로부터 릴레이 접점을 보호하는데 도움이 된다. 또한 동작 중에 발생하는 잡음도 줄일 수 있으니 참고하기 바란다.

5개의 릴레이 중 먼저 릴레이 1의 용도부터 설명한다.

[그림 7-1]의 스위치 swD는 충방전 회로도 [그림 6-1]의 트랜지스터 1의 콜렉터에 연결될 것이다. 트랜지스터 1이 도통을 하여 [그림 6-1]의 콜렉터 D에 연결된 [그

림 7-1]의 swD가 닫히고 전류를 흘리게 되면 릴레이 5의 접점 2는 접점 1과 연결되어 있던 상태에서 접점 3이 있는 쪽으로 전환된다. 아울러 릴레이 코일에는 Rly 1번부터 4번까지의 모든 릴레이의 코일에는 전류가 흐르게 되어 회로는 방전 모드에서 충전 모드로 전환된다.

충전 모드로 전환되면 서버 전지는 다시 충전되기 시작하여 전압이 상승하면 충방전 회로도 IC1의 출력은 0V로 된다. 또한 트랜지스터1의 콜렉터에서 에미터로 흐르던 전류도 중단되어 전환 스위치1의 코일에도 전류가 흐르지 않아야 한다. 하지만 릴레이 1의 코일의 음극은 트랜지스터 1과와 동시에 릴레이의 접점 2와도 연결되어 있고 충전 모드로 전환이 되면서 릴레이에 연결된 접점이 1접점에서 3의 2접점으로 연결되고 3의 접점은 릴레이 5의 접점 1에 연결되어 있다.

릴레이 1~4가 충전 모드로 전환될 때 릴레이 5는 전환되지 않았기 때문에 릴레이 5의 접점 1에 도착한 에너지는 릴레이 5의 접점 2로 연결된다. 그리고 그 끝이 전원 12V의 음극까지 연결되어 있으므로 충방전 회로 트랜지스터 2가 도통될 때까지, 또 충전 모드로 전환 될 때까지는 충전 상태를 계속 유지하게 된다.

충전이 미리 설정된 충전 전압에 이르면 릴레이 5가 접점 1과 2의 연결을 단절함으로 인하여 비로소 충전 모드에서 방전 모드로 전환된다.

직접 만들어
기술 가능성 확인하기

상세한 설명은 앞에서 모두 설명하였다. [그림 9-1]은 이 기술을 직접 확인해 보기를 원하는 독자들을 위해 비용 부담이 적고 만들기 쉬운 방법을 소개하고자 그려 본 회로도이다.

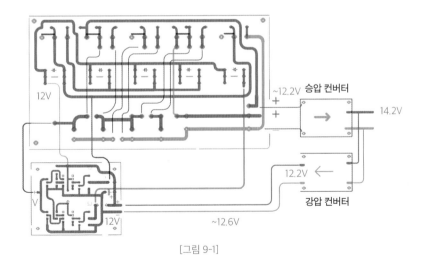

[그림 9-1]

2부

—

특허 출원서 원본 내용 소개

특허 청구항 소개

의견서 제출 통고서 소개

의견 제출서 사본 소개

특허출원서 원본

발명의 명칭

: 2차 전지 자동 충방전 시스템(System for auto charge and discharge in secondary battery)

【기술분야】

본 발명은 충전이 된 2차 전지가 연결된 기기에 전류를 흘리면, 방전된 만큼 회로 내의 있는 다른 전지에 충전이 되고, 충전된 에너지로 이미 방전된 전지에 다시 충전하여 충전과 방전을 반복할 수 있는 장치에 관한 것이다.

【발명의 배경이 되는 기술】

전지를 전원으로 하고, 부하로 전기기기나 전자기기를

연결해서 동작을 시키면 전원의 전압과 전류, 즉 전력은 감소한다. 예컨대, 우리가 통상적으로 전기에너지를 사용하는 방법은 도 1과 같이 AC나 DC를 전원으로 하고 부하에는 전자기기나 전기 기기를 연결하고 전원과 부하 사이에는 스위치를 둔다. 스위치를 닫으면 부하에는 전류가 흐르고 일을 하게 되며 전원에서는 에너지가 감소한다. 이러한 현상은 교류나 직류 모두에 해당된다.

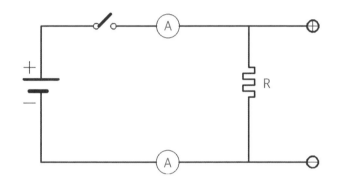

이때 전원이 감소하는 원인은 부하에서 에너지를 소비하기 때문이라고 생각하는데 부하는 전력을 제공받아 주어진 전압과 기기가 전류를 흘릴 수 있는 만큼 일을 하는 것은 사실이지만 전원에서 나온 전력이 소모되는 원인은 부하에서 소모되어 없어지는 것이 아니고 오직 전원에서 전기에너지를 공급(생산)하고 감소시킨다. 전기회로는 석

유나 가스처럼 개방된 회로가 폐회로이기 때문에 전지에서 나온 전자는 단 한 개도 회로 밖으로 나갈 수 없고 반드시 전지로 돌아가야만 한다.

이 문제의 해결은 2차 전지를 전원으로 사용할 때에 전지가 방전하게 되면 방전하는 양만큼 외부 전력으로 충전을 하여야 하는데, 본 발명에서는 회로 내에서 부하에 전류를 공급하는 것과 동시에 회로 내에서 방전한 만큼 저장하는 방법을 찾는 것이 관건이다.

【선행기술문헌】

【특허문헌】

(특허문헌 1) 공개특허 10-2004-0024552

【발명의 내용】

【해결하고자 하는 과제】

본 발명의 기술적 과제는 회로 내에서 부하에 전류를 공급하는 것과 동시에 회로 내에서 방전한 만큼 충전할 수 있는 수단을 제공하는 데 있다.

【과제의 해결 수단】

본 발명의 실시 형태는 병렬로 연결된 복수개의 메인 전지와 서브 전지를 구비하며, 충방전 전환 회로 모듈의 스위칭 전환에 따라서 방전 모드로 동작 시에 승압 안정화 회로 모듈로 방전을 수행하며, 충전 모드로 동작 시에 방전된 전력만큼 충전이 이루어지는 충방전 회로 모듈; 충방전 회로 모듈의 방전 전압이 설정된 기준 전압보다 낮아진 경우 충전 모드로 스위칭하며, 상기 기준 전압보다 높아진 경우 방전 모드로 스위칭하는 충방전 전환 회로 모듈; 상기 충방전 회로 모듈을 통해 방전되는 전력의 전압을 정전압으로 안정화시켜 출력하는 승압 안정화 회로 모듈; 상기 승압 안정화 회로 모듈을 통해 출력되는 전류를 증강시켜 부하로 출력하는 전류 증강 회로 모듈; 상기 승압 안정화 회로 모듈과 전류 증강 회로 모듈 간의 노드에 연결되어, 상기 승압 안정화 회로 모듈을 통해 출력되는 전류를 상기 충방전 회로 모듈로 공급하는 강압 회로 모듈;을 포함할 수 있다.

상기 충방전 회로 모듈은 방전 모드로 동작 시에 승압 안정화 회로 모듈로 방전을 수행하는 병렬로 연결된 복수개의 메인 전지; 상기 메인 전지의 방전이 이루어짐과 동시에 메인 전지에 충전 전력을 제공하는 제1서브 전지; 충전 모드로 동작 시에 상기 메인 전지와 제1서브 전지에 전력을 제공하여, 메인 전지 및 제1서브 전지 간에 동일한 전압을 가지도록 하는 제2서브 전지;를 포함할 수 있다.

상기 강압 회로 모듈을 통해 공급되는 전류가 상기 제2서브 전지에 공급되어 제2서브 전지 충전이 이루어질 수 있다.

상기 충방전 회로 모듈은 상기 강압 회로 모듈에서 서브 전지 방향으로 위치하여, 서브 전지 방향에서 강압 회로 모듈로 향하는 역전류를 방지하는 다이오드;를 포함할 수 있다.

상기 전류 증강 회로 모듈은 상기 승압 안정화 회로 모듈을 통해 출력되는 전류를 콘덴서를 통하여 증강하여 부하에 제공할 수 있다.

【발명의 효과】

본 발명의 실시 형태에 따르면 상업용 전기가 없는 곳에서도 전기를 사용 할 수가 있다. 또한 여러 가지 에너지와 중력, 산소가 없어도 전기 사용이 되고 원자력처럼 원료를 교환해야 하는 번거로움도 없고 무엇보다 에너지 사용료를 절감할 수 있다.

【도면의 간단한 설명】

〈도 1〉은 전기기기나 전자제품들을 사용하는 일반적인 회로도이다.

〈도 2〉는 본 발명의 실시 예에 따른 2차전지 자동 충방전 시스템의 구성 블록도이다.

〈도 3〉은 본 발명의 실시 예에 따른 충방전 회로 모듈을 도시한 그림이다.

〈도 4〉는 본 발명의 실시 예에 따른 충방전 전환 회로 모듈의 예시 그림이다.

〈도 5〉는 본 발명의 실시 예에 따른 승압 안정화 회로 모듈의 예시 그림이다.

〈도 6〉은 본 발명의 실시 예에 따른 입력된 전압을 정전압으로 출력하는 회로 예시 그림이다.

〈도 7〉은 본 발명의 실시 예에 따른 전류 증강 회로 모듈의 예시 그림이다.

〈도 8〉은 본 발명의 실시 예에 따른 전류 증강 회로 모듈을 구체화한 예시 그림이다. "3부 특허도면(140쪽)"에 모두 수록하였다.

【발명을 실시하기 위한 구체적인 내용】

이하, 본 발명의 장점 및 특징, 그리고 그것들을 달성하는 방법은 첨부되는 도면과 함께 상세하게 후술되어 있는 실시 예들을 참조하면 명확해질 것이다. 그러나 본 발명은, 이하에서 개시되는 실시 예들에 한정되는 것이 아니라 서로 다른 다양한 형태로 구현될 것이며, 본 발명이 속하는 기술 분야에서 통상의 지식을 가진 자에게 발명의 범주를 완전하게 알려주기 위해 제공되는 것으로, 본 발명은 청구항의 범주에 의해 정의될 뿐이다. 또한, 본 발명을 설명함에 있어 관련된 공지 기술 등이 본 발명의 요지를 흐리게 할 수 있다고 판단되는 경우 그에 관한 자세한 설명은 생략하기로 한다.

〈도 2〉는 본 발명의 실시 예에 따른 2차전지 자동 충방전 시스템의 구성 블록도이며, 〈도 3〉은 본 발명의 실시 예에 따른 충방전 회로 모듈을 도시한 그림이며, 〈도 4〉는 본 발명의 실시 예에 따른 충방전 전환 회로 모듈의 예시 그림이며, 〈도 5〉는 본 발명의 실시 예에 따른 승압 안정화 회로 모듈의 예시 그림이며, 〈도 6〉은 본 발명의 실시 예에 따른 입력된 전압을 정전압으로 출력하는 회로 예시 그림이며, 〈도 7〉은 본 발명의 실시 예에 따른 전류 증강 회로 모듈의 예시 그림이며, 〈도 8〉은 본 발명의 실시 예에 따른 전류 증강 회로 모듈을 구체화한 예시 그림이다.

이하에서 전지라 함은 '2차 전지'를 의미한다. 참고로, '2차 전지'라 함은, 충전 및 방전이 가능한 하나 이상의 전기 화학 셀로 구성된 배터리로서, 한번 쓰고 버리는 것이 아니라, 충전을 통해 반영구적으로 사용하는 전지를 말한다. 납산(lead acid), 니켈 카드뮴(NiCd), 니켈 수소(NiMH), 리튬 이온(Li-ion), 리튬 이온 폴리머(Li-ion polymer) 등 여러 가지 전극 재료와 전해질의 조합이 사용된다.

본 발명의 2차 전지 자동 충방전 시스템은, 〈도 2〉에 도시한 바와 같이 충방전 회로 모듈(A), 충방전 전환 회로 모듈(B), 승압 안정화 회로 모듈(C), 전류 증강 회로 모듈(E), 강압 회로 모듈(D)을 포함할 수 있다.

충방전 회로 모듈(A)은, 전지가 방전하면 출력 단자에 연결된 부하는 공급받은 에너지만큼 일하고 동시에 방전한 만큼 충전한다. 방전으로 전지의 전압이 낮아져서 충방전 전환 회로 모듈(B)에서 설정된 전압보다 낮아지면 자동으로 재충전이 되고 충전이 되면 전환 회로에 의하여 다시 방전 모드로 된다. 이 과정은 전지의 충방전 수명이 다할 때까지 외부 에너지 도움 없이 계속된다. 또한 승압 안정화 회로 모듈(C)은 전원 회로의 출력이 약 1.5V 정도의 전압 변화가 있는데 이 변화하는 전압을 정전압으로 안정되게 출력하는 역할을 한다.

강압 회로 모듈(D)은 충방전 회로 모듈(A)에서 충전과 방전을 하는 동안 전지에 있는 전해질의 작용으로 방전 전류가 소량 감소하는데 이 감소분을 승압 안정화 회로 모듈(C)의 출력 중 약간을 충방전 회로 모듈(A)에 있는 다른 전지 하나에 충전하였다가 방전 전지를 충전할 때 감소분을 보충한다.

전류 증강 회로 모듈(E)은 코일이나 트랜스의 손실로 전원에서 출력된 전압이나 전류가 입력보다 적어지는데 전압은 1V가 안 되게 낮아지나 전류는 대폭적으로 증강하는 회로이다.

이하, 상술한 2차 전지 자동 충방전 시스템에 대하여 상술하기로 한다.

충방전 회로 모듈(A)은 병렬로 연결된 복수개의 메인 전지(12,13)와 서브 전지(11,14)를 구비한다. 충방전 회로 모듈(A)은, 충방전 전환 회로 모듈(B)의 스위칭 전환에 따라서 방전 모드로 동작 시에 승압 안정화 회로 모듈(C)로 방전을 수행하며, 충전 모드로 동작 시에 방전된 전력만큼 충전이 이루어진다.

이를 위하여 충방전 회로 모듈(A)은 〈도 3〉에 도시한 바와 같이 복수개의 메인 전지(12,13), 제1서브 전지(11), 제2서브 전지(14)를 포함할 수 있다.

메인 전지(12,13)는 병렬로 복수개 연결되어 있어, 방전 모드로 동작 시에 승압 안정화 회로 모듈(C)로 방전을 수행한다.

제1서브 전지(11)는 스위칭을 통해 메인 전지(12,13)와 병렬로 연결되어 있어, 메인 전지(12,13)의 방전이 이루어짐과 동시에 메인 전지(12,13)에 충전 전력을 제공한다.

제2서브 전지(14)는 충전 모드로 동작 시에 메인 전지(12,13)와 제1서브 전지(11)에 전력을 제공하여, 메인 전지(12,13) 및 제1서브 전지(11) 간에 동일한 전압을 가지도록 한다. 강압 회로 모듈(D)을 통해 공급되는 전류가 제2서브 전지(14)에 공급되어 제2서브 전지(14)의 충전이 이루어지게 된다.

이러한 메인 전지(12,13), 제1서브 전지(11), 제2서브 전지(14)를 구비한 충방전 회로 모듈(A)의 동작 예시를 〈도 3〉과 함께 설명한다. 〈도 3〉은 메인 전지(12,13)가 방전을 하면 방전을 하면 방전을 한 만큼 충전을 하였다가 다시 메인 전지(12,13)를 충전할 수 있는 여러 개의 서브 전지(11,14)와 스위치로 구성된 회로도이다.

제1서브 전지(11)의 +전극에서 출발한 전류는 스위치(15)의 [a]에서 [b]를 지나 부하(저항)에 전력을 제공하고 제2메인 전지(13)의 −전극으로 들어가고 다시 반대쪽 +전극과 제1메인 전지(12)의 +전극과 만난다. 각 전지의 전압은 모두 15.5V씩 충전되어 있다.

제1메인 전지(12)와 제2메인 전지(13)의 +전극은 서로 마주 보고 있지만 정방향 전지의 합한 전압은 31V이고 역 방향 전지의 전압은 15.6V이기 때문에 제1메인 전지(12)에는 전류가 +전극에서 −전극으로 흐르고 제1메인 전지(12)는 방전을 하는 것이 아니라 제1메인 전지(12)와 제2메인 전지(13)가 방전한 양을 모두 충전을 하게 되고 역시 제1메인 전지(12)의 −전극으로 나온 전류는 제1서브 전지(11)의 −전극으로 들어간다. 이 회로는 방전을 함과 동시에 방전한 만큼의 전기에너지를 충전한다.

그런데 전해질에 의하여 방전과 충전을 할 수 있는 2차 전지는 충방전의 방전량은 점점 줄어든다. 이 점을 보완하기 위하여 제1서브 전지(11)와 같은 용량의 제2서브 전지(14)를 구비한다. 제2서브 전지(14)의 역할은 제1서브 전지(11)가 방전하는 동안은 시스템 안에서 이루어지는 방전과는 관계를 하지 않고 승압 안정화 회로 모듈(C)의 출력 단자로부터 약간의 전력을 공급받아서 기본 전압 15.5V보다 약간 더 높은 15.7~8V까지 충전하였다가 방전 모드에서 충전 모드로 전환할 때 제2서브 전지(14)는 다른 전지와 반대로 충전모드에서 방전 모드로 전환하여 전지 제1서브 전지(11), 제1메인 전지(12), 제2메인 전지(13), 제2서브 전지(14)는 모두 15.5V로 같은 전압이 된다.

참고로 제1서브 전지(11), 제2서브 전지(14)의 수명이 다하면 새로운 전지로 교체해준다.

한편, 강압 회로 모듈(D)을 통해 공급되는 전류가 제2서브 전지(14)에 공급되어 제2서브 전지(14)의 충전이 이루어지게 되는데, 충방전 회로 모듈(A)은, 역전류를 방지하기 위하여 다이오드(18)를 구비한다. 다이오드(18)는, 강압 회로 모듈(D)에서 서브 전지(11,14) 방향으로 위치하여, 서브 전지(11,14)의 방향에서 강압 회로 모듈(D)로 향하는 역전류를 방지하게 된다. 즉, 다이오드(18)는 역 전류 방지 역할도 하고 전압을 약 낮추는 역할도 하는 데 없어도 된다. 입력 단자(19)는 출력으로부터 에너지 일부를 정궤환으로 공급받아서 제2서브 전지(14)에 충전 할 수 있는 에너지를 받아들이는 +입력 단자이다. 부호 (20)과 (21)은 +출력 단자, −출력 단자이다.

충방전 전환 회로 모듈(B)은, 충방전 회로 모듈(A)의 방전 전압이 설정된 기준 전압보다 낮아진 경우 충전 모드로 스위칭하며 기준 전압보다 높아진 경우 방전 모드로 스위칭하는 기능을 수행한다.

이를 위한 충방전 전환 회로 모듈(B)을 도4와 함께 상술하면, 도 3의 충방전 회로 모듈(A)에서 메인 전지(12,13)가 방전하여 설정한 전압에 이르면 자동으로 충전 모드로 전환하고 충전이 끝나면 다시 방전 모드로 자동 전환하게 한다.

부호(22)는 전지 〈도 3〉의 +출력 단자(20)에서 전원을 공급받아서 회로가 필요로 하는 전압 12V를 공급하는 정전압 전용 IC이다. 콘덴서(23)은 정전압 IC 입력 전류 안정화를 위한 것이고 콘덴서(24)는 정전압 IC 출력을 안정화를 돕는다.

볼륨(25)은 전압 비교 전용 IC(27)의 입력 전압을 설정하는 용도이며 볼륨(26)은 〈도 3〉의 출력 전압이 볼륨(25)의 설정 전압보다 낮아지면 IC(27)의 출력 전압을 0V에서 전원 전압 12V가 되어 출력 저항(28)을 통하여 트랜지스터(30)의 베이스에 전압을 공급한다.

저항(29)은 IC(27)의 출력 전압은 12V이고 트랜지스터(30) 베이스가 필요로 하는 전압은 5V 이하인데 저항(28)과 저항(29)가 12V의 전압을 5V가 되게 분할하여 베이스에 공급한다.

트랜지스터(30)의 베이스 전압이 5V가 되면 트랜지스터(30)은 도통하여 전류가 흐르고 따라서 릴레이(31)의 코일에도 전류가 흘러 릴레이 스위치는 [b]에서 [c]로 전환이 되며 트랜지스터와 병렬로 연결된 릴레이(32)의 [b] 단자와 [a] 단자로도 전류가 흐르며 따라서 릴레이(15), 릴레이(16), 릴레이(17)의 코일에도 전류가 흘러 3개의 릴레이 단자도 [b]에서 [c]로 전환 되어 〈도 2〉의 각 전지들은 모두 병렬연결이 되어 방전 모드에서 충전 모드로 전환된다.

충전이 시작되면 〈도 3〉의 출력 전압은 올라가고 볼륨(26)에서 비교기 IC(27)의 -입력 핀에 공급되는 전압도 높아져 IC의 출력 전압은 0V로 되어 트랜지스터는 도통을 하지 않게 되지만 각 릴레이 코일에는 릴레이(32)로 계속 전류가 흘러 충전 모드는 계속 유지되고 충전도 계속된다.

부호(33)부터 부호(41)까지는 부호(22)부터 부호(30)까지와 같은 소자들인데 볼륨(36) 및 볼륨(37)의 역할이 볼륨(25) 및 볼륨(26)과 정반대의 역할을 한다.

볼륨(36)은 정전압 전용 IC(33)의 출력 핀으로부터 안정된 전압을 공급하여 IC(38)의 -입력 단자(핀)에 필요한 전압을 설정하여 공급하고 전원으로부터 전압을 공급받은 볼륨(37)의 분할 전압이 비교기 IC의 +입력되는데 +단자 입력 전압이 -입력 단자 전압보다 높아지면 트랜지스터(41)은 도통하게 되고 트랜지스터가 도통하면 릴레이(32)의 코일에서 전류가 흘러 릴레이(32)의 [b] 단자에 연결되어 있던 스위치가 [c] 단자로 연결됨과 동시에 릴레이 (31), (15), (16), (17)의 코일에 전류가 모두 차단되어 〈도 3〉의 전지들은 충전 모드에서 다시 방전 모드로 된다. 충전과 방전 모드로 전환되는 과정은 외부 에너지의 도움이 없어도 500회에서 1,000회 이상도 계속될 수 있는데 수명은 전지의 종류에 따라서 달라진다.

승압 안정화 회로 모듈(C)은, 충방전 회로 모듈(A)을 통해 방전되는 전력의 전압을 정전압으로 안정화시켜 출력하는 기능을 수행한다. 즉, 반복되는 충방전으로 출력 전압이 변하는 것을 정 전압을 출력을 유지하며 출력의 일부를 도 3의 충방전 회로 모듈(A)로 재공급한다.

이러한 승압 안정화 회로 모듈(C)은 이미 많이 알려진 바와 같이 〈도 5〉에 도시된 승압 회로(Boost Converter) 중의 하나로서 구현될 수 있다. 승압 회로를 사용함으로써, 안정된 전압의 출력을 얻고 +극 출력에서 전력의 일부를 도 3의 충방전 회로 모듈(A)의 제2서브 전지(14)에 궤환시켜 제2서브 전지(14)의 전압을 약간 더 높이는 역할을 한다.

〈도 6〉을 참고하면 입력된 전압을 정 전압으로 출력하는 도면으로서 필요한 전압을 미세 조정할 수 있는 있다. 즉, 〈도 5〉의 승압 안정화 회로 모듈(C)에서의 출력 전압은

〈도 3〉의 충방전 회로 모듈(A)의 제1서브 전지(11)의 전압보다 높고 제2서브 전지(14)에 충전하는 전압은 〈도 5〉의 승압 안정화 회로 모듈(C)의 출력 전압보다는 낮아서 두 전압 사이에 〈도 6〉의 회로에서 알맞은 전압으로 강압하여 공급한다.

전류 증강 회로 모듈(E)은, 승압 안정화 회로 모듈(C)을 통해 출력되는 전류를 증강시켜 출력하는 기능을 수행한다. 나아가, 전류 증강 회로 모듈(E)은, 승압 안정화 회로 모듈(C)을 통해 출력되는 전류를 콘덴서를 통하여 증강하여 부하에 제공한다.

〈도 7〉을 참고하여 상술하면, 전원 전지(53)에서 전류계(54)와 스위치(55)를 통과한 전류는 콘덴서(56)에 충전이 시작된다. 충전과 동시에 콘덴서를 통과하는 전류는 계속하여 쇼트키 다이오드(57), 전류계(58), 부하(59)를 통과하고 전원 전지(53)으로 들어간다. 이때 전류계(54)와 전류계(58)은 동시에 흐르는 전류량을 나타낸다. 충전이 끝나면 스위치(55)의 단자는 [b]에서 [c]로 전환되고 콘덴서(56)에 충전되어 있던 에너지는 방전을 시작하고 방전되는 전류는 스위치(55)의 [c], 그리고 전류계(60), 전류계(58), 부하(59), 그리고는 전원(53)으로 흘러가는 것이 아니라 쇼트키 다이오드

(61)를 거쳐 다시 콘덴서(56)로 들어간다.

콘덴서에서 방전되는 동안 이번에는 전류계(60)와 전류계(58)에 전류량을 표시하는데 전류가 전원(53)에서 공급되어 부하(59)를 거쳐 가던지 콘데서(56)에서 공급되어 부하(59)를 거쳐 가도 전류계(58)가 표시하는 전류량은 같은 것으로 보인다. 결론은 전원에서 공급된 전력 양보다 부하(59)에 흐르는 전력 양이 많았다는 것이다. 본 회로에서 특별히 쇼트키 다이오드를 사용한 것은 일반 실리콘 다이오드보다 전압 강하가 1/2밖에 안 되기 때문이다.

〈도 8〉은 〈도 7〉의 전류 증강 회로 모듈(E)을 실용적으로 구현한 회로도로서, +전원 입력 단자(62)에 의하여 공급되는 전류를 정전압 IC(62)와 볼륨(71)과 PNP 트랜지스터(73)의 에미터에 공급한다.

정전압 IC(63)은 공급받은 전압에서 12V로 낮추어 주파수 발생 전용 IC(64)에 전원 공급을 하고 전용 IC(64)의 두 출력은 포토커플러(66)과 포토커플러(68)에 있는 발광 다이오드가 교대로 발광을 하도록 전류를 공급하며 저항(70)은 발광 다이오드가 빛을 발하기에 적당한 전류를 공급한다. 볼륨(71)은 트랜지스터(73)의 에미터가 필요한 -5V를 제공할 수 있게 설정되어 있고 출력 단자(67)과 연결된 입력 단자(72)에는 포토커플러(66)의 포토트랜지스터가 빛을 받으면 전류가 흐르게 되고 트랜지스터(73)는 도통하면 전류가 흐른다.

트랜지스터(73)의 콜렉터의 전류 중 일부는 콘덴서(74)를 충전하면서 쇼트키 다이오드(75)와 부하(76)를 지나서 -입력 단자(65)로 들어간다. 콘덴서(74)가 완전히 충전되면 회로는 동작을 멈춘다.

트랜지스터(73)의 콜렉터로 나온 전류의 일부는 콘덴서(74)를 충전시키고 일부는 다이오드(77)와 트랜지스터(81)의 에미터에도 전압을 공급한다. 다이오드(77)를 통과한 전류는 콘덴서(78)를 충전하고 콘덴서에 충전된 전기에너지로 트랜지스터(81)의 베이스 전압을 제공하는 전원을 공급하는 역할을 한다, 콘덴서의 전류는 볼륨(79)에 의하여 전압 분할을 하고 분할된 -5V의 전압은 트랜지스터(81)의 베이스에 공급된다.

포토커플러(68)의 발광 트랜지스터와 연결된 출력 단자(69), 출력 단자(69)와 연결된 입력 단자(80)에 전류가 흐르고 트랜지스터(81)은 도통한다.

트랜지스터(81)가 도통을 하게 되면 콘덴서(74)는 충전된 에너지를 방출하고 방전되는 에너지는 트랜지스터(81)와 부하(76)를 통과하고 부하(76)를 통과한 에너지는 -입력 단

자(65)로 향하지 않고 쇼트키 다이오드(82)를 통과하여 콘
덴서(74)의 -전극으로 들어간다.

　+입력 단자로 입력된 전류는 콘덴서(74)에 충전되는 동
안만 부하(76)에 전류를 흘려서 일하게 하고 부하가 일을
한만큼의 전류 모두는 콘덴서(74)에 모두 저장이 되면 이
저장 된 에너지는 바로 100% 방전을 하여 부하에 바로 전
에 일한 만큼 한다. 결과적으로 전원에서 에너지 '1'을 공
급하였는데 부하(76)는 '2'만큼의 일을 하였다.

　상술한 본 발명의 설명에서의 실시 예는 여러 가지 실시
가능한 예중에서 당업자의 이해를 돕기 위하여 가장 바람
직한 예를 선정하여 제시한 것으로, 이 발명의 기술적 사
상이 반드시 이 실시 예만 의해서 한정되거나 제한되는 것
은 아니고, 본 발명의 기술적 사상을 벗어나지 않는 범위
내에서 다양한 변화와 변경 및 균등한 타의 실시 예가 가
능한 것이다.

【부호의 설명】

　A: 충방전 회로 모듈
　B: 충방전 전환 회로 모듈

C: 승압 회로 모듈

D: 강압 회로 모듈

E: 전류 증강 회로 모듈

특허 청구항
소개

　　병렬로 연결된 복수개의 메인 전지와 서브 전지를 구비하며, 충방전 전환 회로 모듈의 스위칭 전환에 따라서 방전 모드로 동작 시에 승압 안정화 회로 모듈로 방전을 수행하며, 충전 모드로 동작 시에 방전된 전력만큼 전이 이루어지는 충방전 회로 모듈;충방전 회로 모듈의 방전 전압이 설정된 기준 전압보다 낮아진 경우 충전 모드로 스위칭하며, 상기 기준 전압보다 높아진 경우 방전 모드로 스위칭하는 충방전 전환 회로 모듈;상기 충방전 회로 모듈을 통해 방전되는 전력의 전압을 정전압으로 안정화시켜 출력하는 승압 안정화 회로 모듈;상기 승압 안정화 회로 모듈을 통해 출력되는 전류를 증강시켜 부하로 출력하는 전류 증강 회로 모듈;상기 승압 안정화 회로 모듈과 전류 증강 회로 모듈간의 노드에 연결되어, 상기 승압 안정화 회로 모듈을 통해 출력되는 전류를 상기 충방전 회로 모듈로 공급하는 강압 회로 모듈;를 포함하는 2차 전지 자동 충방전 시스템.

【청구항 2】

청구항 1에 있어서, 상기 충방전 회로 모듈은, 방전 모드로 동작 시에 승압 안정화 회로 모듈로 방전을 수행하는 병렬로 연결된 복수개의 메인 전지;상기 메인 전지의 방전이 이루어짐과 동시에 메인 전지에 충전 전력을 제공하는 제1서브 전지;충전 모드로 동작 시에 상기 메인 전지와 제1서브 전지에 전력을 제공하여, 메인 전지 및 제1서브 전지간에 동일한 전압을 가지도록 하는 제2서브 전지;를 포함하는 2차 전지 자동 충방전 시스템.

【청구항 3】

청구항 2에 있어서, 상기 강압 회로 모듈을 통해 공급되는 전류가 상기 제2서브 전지에 공급되어 제2서브 전지 충전이 이루어지는 2차 전지 자동 충방전 시스템.

【청구항 4】

청구항 2에 있어서, 상기 충방전 회로 모듈은, 상기 강압 회로 모듈에서 서브 전지 방향으로 위치하여, 서브 전지 방향에서 강압 회로 모듈로 향하는 역전류를 방지하는 다이오드;를 포함하는 2차 전지 자동 충방전 시스템.

【청구항 5】

청구항 1에 있어서, 상기 전류 증강 회로 모듈은, 상기 승압 안정화 회로 모듈을 통해 출력되는 전류를 콘덴서를 통하여 증강하여 부하에 제공함을 특징으로 하는 2차 전지 자동 충방전 시스템.

【요약서】

【요약】

본 발명의 실시 형태는 병렬로 연결된 복수개의 메인 전지와 서브 전지를 구비하며, 충방전 전환 회로 모듈의 스위칭 전환에 따라서 방전 모드로 동작 시에 승압 안정화 회로 모듈로 방전을 수행하며, 충전 모드로 동작 시에 방전된 전력만큼 충전이 이루어지는 충방전 회로 모듈; 충방전 회로 모듈의 방전 전압이 설정된 기준 전압보다 낮아진 경우 충전 모드로 스위칭하며, 상기 기준 전압보다 높아진 경우 방전 모드로 스위칭하는 충방전 전환 회로 모듈; 상기 충방전 회로 모듈을 통해 방전되는 전력의 전압을 정전압으로 안정화시켜 출력하는 승압 안정화 회로 모듈; 상기 승압 안정화 회로 모듈을 통해 출력되는 전류를 증강시켜 부하로 출력하는 전류 증강 회로 모듈; 상기 승압 안정화 회로 모듈과 전류 증강 회로 모듈 간의 노드에 연결되어, 상기 승압 안정화 회로 모듈을 통해 출력되는 전류를 상기 충방전 회로 모듈로 공급하는 강압 회로 모듈;을 포함할 수 있다.

특허청 의견서
제출 통고서 사본

(본 내용은 특허청에서 이 기술은 에너지 법칙에 반하는 기술이므로 에너지 보존 법칙 자체가 성립하지 않는 다는것이 반증 되지 않는 한 본 발명은 등록 할 수 없다는 통고서입니다.)

이 출원의 청구범위의 청구항 전항에 기재된 발명은 아래와 같이 특허법 제29조 제1항의 본문에 따라 특허를 받을 수 없습니다.

- 아 래 -

본원 발명은 '충전이 된 2차 전지가 연결된 기기에 전류를 흘리면 하면, (상기 2차 전지로부터) 방전된 (전류량)만큼 회로 내의 있는 다른 전지에 충전이 되고, (상기 다른 전지에) 충전된 에너지로 이미 방전된 전지(상기 2차 전지)에 다시 충전하고, 충전과 방전을 반복할 수 있는 장치(2차 전지 자동 충방전 시스템)'를 목적으로 하고 있습니다.

이를 위한 구성으로 〈도면 2, 3〉을 참조하면서, 아래와 같이 기재되어 있습니다.

【0032】 메인 전지(12,13)는, 병렬로 복수개 연결되어 있어, 방전 모드로 동작시에 승압 안정화 회로 모듈(C)로 방전을 수행한다.

【0033】 제1서브 전지(11)는, 스위칭을 통해 메인 전지(12,13)와 병렬로 연결되어 있어, 메인 전지(12,13)의 방전이 이루어짐과 동시에 메인 전지(12,13)에 충전 전력을 제공한다.

【0035】 이러한 메인 전지(12,13), 제1서브 전지(11), 제2서브 전지(14)를 구비한 충방전 회로 모듈(A)의 동작 예시를 〈도 3〉과 함께 설명한다. 〈도 3〉은 메인 전지(12,13)가 방전하면 방전을 한 만큼 충전을 하였다가 다시 메인 전지(12,13)를 충전할 수 있는 여러 개의 서브 전지(11,14)와 스위

치로 구성된 회로도이다.

【0036】제1서브 전지(11)의 +전극에서 출발한 전류는 스위치(15)의 [a]에서 [b]를 지나 부하(저항)에 전력을 제공하고 제2메인 전지(13)의 − 전극으로 들어가고 다시 반대쪽 +전극과 제1메인 전지(12)의 +전극과 만난다. 각 전지의 전압은 모두 15.5V씩 충전되어 있다.

【0037】제1메인 전지(12)와 제2메인 전지(13)의 +전극은 서로 마주 보고 있지만 정방향 전지의 합한 전압은 31V이고 역방향 전지의 전압은 15.6V이기 때문에 제1메인 전지(12)에는 전류가 +전극에서 − 전극으로 흐르고 제1메인 전지(12)는 방전을 하는 것이 아니라 제1메인 전지(12)와 제2메인전지(13)가 방전한 양을 모두 충전을 하게 되고 역시 제1메인 전지(12)의 − 전극으로 나온 전류는 제1서브 전지(11)의 − 전극으로 들어간다. 이 회로는 방전을 함과 동시에 방전한 만큼의 전기에너지를 충전한다.

【0038】그런데 전해질에 의하여 방전과 충전을 할 수 있는 2차 전지는 충방전을 방전량은 점점 줄어든다. 이 점을 보완하기 위하여 제1서브 전지(11)와 같은 용량의 제2서

124

브 전지(14)를 구비한다. 제2서브 전지(14)의 역할은 제1서
브전지(11)가 방전하는 동안은 시스템 안에서 이루어지는
방전과는 관계하지 않고 승압 안정화 회로 모듈(C)의 출력
단자로부터 약간의 전력을 공급받아서 기본 전압 15.5V보
다 약간 더 높은 15.7~8V까지 충전하였다가 방전 모드에
서 충전 모드로 전환할 때에 제2서브 전지(14)는 다른 전지
와 반대로 충전 모드에서 방전 모드로 전환하여 전지 제1
서브 전지(11), 제1메인 전지(12), 제2메인 전지(13), 제2서브
전지(14)는 모두 15.5V로 같은 전압이 된다. 참고로 제1서
브전지(11), 제2서브 전지(14)의 수명이 다하면 새로운 전지
로 교체해준다.

【0050】볼륨(36)은 정전압 전용 IC(33)의 출력 핀으로부터
안정된 전압을 공급하여 IC(38)의 −입력 단자(핀)에 필요
한 전압을 설정하여 공급하고 전원으로부터 전압을 공급
받은 볼륨(37)의 분할 전압이 비교기 IC의 +입력되는데 +
단자 입력 전압이 −입력 단자 전압보다 높아지면 트랜지
스터(41)은 도통하게 되고 트랜지스터가 도통하면 릴레이
(32)의 코일에서 전류가 흘러 릴레이(32)의 [b] 단자에 연
결되어 있던 스위치가 [c] 단자로 연결됨과 동시에 릴레
이 (31), (15), (16), (17)의 코일에 전류가 모두 차단되어 〈도 3〉

의 전지들은 충전 모드에서 다시 방전 모드로 된다. 충전과 방전 모드로 전화되는 과정은 외부 에너지의 도움이 없어도 500회에서 1,000회 이상도 계속될 수 있는데 수명은 전지의 종류에 따라서 달라진다.

이는 〈도면 3〉의 릴레이(15,16,17)의 a 접점과 b 접점이 연결된 상태(방전모드)를 설명하는 것으로, 메인전지(12,13)의 방전 모드 시에는 부하(9)에 대해서 제1서브 전지(11) 및 메인전지(13, 제2 메인전지라 함)가 순방향으로 접속되고, 메인전지(12, 제1 메인전지라 함)는 역방향으로 접속되어, 전체 전원 (V11(제1 서브전지의 전압) + V13(제2 메인전지의 전압) − V12(제1 메인전지의 전압)이 부하(9)에 인가되어 에너지를 소모함과 동시에 제2 서브전지와 병렬로 연결되어 제2 서브전지를 충전하고 있습니다.

또한 충전 모드(각 릴레이의 a 접점 및 c 접점이 연결된 상태)와 관련하여 아래와 같이 기재되어 있는바,

【0034】제2서브 전지(14)는, 충전 모드로 동작 시에 메인전지(12,13)와 제1서브 전지(11)에 전력을 제공하여, 메인 전지(12,13) 및 제1서브 전지(11) 간에 동일한 전압을 가지도록 한다.

【0047】트랜지스터(30)의 베이스 전압이 5V가 되면 트랜지스터(30)은 도통하여 전류가 흐르고 따라서 릴레이(31)의 코일에도 전류가 흘러 릴레이 스위치는 [b]에서 [c] 전환이 되며 트랜지스터와 병렬로 연결된 릴레이(32)의 [b] 단자와 [a] 단자로도 전류가 흐르며 따라서 릴레이(15), 릴레이(16), 릴레이(17)의 코일에도 전류가 흘러 3개의 릴레이 단자도 [b]에서 [c]로 전환되어 〈도 2〉의 각 전지는 모두 병렬연결이 되어 방전 모드에서 충전 모드로 전환된다.

제1 서브전(11), 메인전지(12,13) 및 제2 서브전지(14)는 모두 병렬로 연결되고, 상기 제1 서브전(11) 및 메인전지(12,13)의 방전모드시 방전된 전류의 일부로 충전된 제2 서브전지의 에너지로 병렬 연결된 상기 제1 서브전지(11) 및 메인전지(12,13)를 충전한다는 것입니다.

즉, 출원발명은 방전 모드 및 충전 모드를 반복하는 구성으로 부하에서의 에너지 소모 없이 서브전지들의 수명이 다할 때까지 지속된다는 것입니다.

그러나 '회로는 방전을 함과 동시에 방전한 만큼의 전기에너지를 충전한다'는 것 또는 '충전과 방전을 반복할 수 있는 장치'라는 것은 상기 방전모드 및 충전모드를 반복하는 구성으로 제1 서브전지(11) 및 메인 전지(12,13)에서 방전된 에너지를 부하에 소모되는 에너지 없이 전부 회수하여 메인 전지(12,13)가 충전된다는 것을 의미하는바, 이는 에너지 보존법칙에 위배됩니다.

그리고 부하에서 에너지 소모가 없다는 것과 관련하여 아래와 같이 기재하고 있으나 이는 자연법칙을 위배한 기재에 불과합니다.

【0005】이때 전원이 감소하는 원인은 부하에서 에너지를 소비하기 때문이라고 생각하는데 부하는 전력을 제공받아 주어진 전압과 기기가 전류를 흘릴 수 있는 만큼 일을 하는 것은 사실이지만 전원에서 나온 전력이 소모되는 원인은 부하에서 소모되어 없어지는 것이 아니고 오직 전원에서 전기에너지를 공급(생산)하고 감소시킨다. 전기회로는 석유나 가스처럼 개방된 회로가 폐회로이기 때문에 전지에서 나온 전자는 단 한 개도 회로 밖으로 나갈 수 없고 반드시 전지로 돌아가야만 한다.

또한 전류 증강 회로 모듈(E)와 관련하여 아래와 같이 기재하고 있습니다.

【0057】〈도 7〉을 참고하여 상술하면, 전원 전지(53)에서

전류계(54)와 스위치(55)를 통과한 전류는 콘덴서(56)에 충전이 시작된다. 충전과 동시에 콘덴서를 통과하는 전류는 계속하여 쇼트키 다이오드(57), 전류계(58), 부하(59)를 통과하고 전원 전지(53)으로 들어간다.

【0058】이때 전류계(54)와 전류계(58)은 동시에 흐르는 전류량을 나타낸다.

【0059】충전이 끝나면 스위치(55)의 단자는 [b]에서 [c]로 전환되고 콘덴서(56)에 충전되어 있던 에너지는 방전을 시작하고 방전되는 전류는 스위치(55)의 [c], 그리고 전류계(60), 전류계(58), 부하(59), 그리고는 전원(53)으로 흘러가는 것이 아니라 쇼트키 다이오드(61)를 거쳐 다시 콘덴서(56)로 들어간다.

【0060】콘덴서에서 방전되는 동안 이번에는 전류계(60)와 전류계(58)에 전류량을 표시하는데 전류가 전원(53)에서 공급되어 부하(59)에 거쳐 가던지 콘덴서(56)에서 공급되어 부하(59)를 거쳐 가도 전류계(58)가 표시하는 전류량은 같은 것으로 보인다. 결론은 전원에서 공급된 전력량보다 부하(59)에 흐르는 전력량이 많았다는 것이다. 본 회로에서

특별히 쇼트키 다이오드를 사용한 것은 일반 실리콘 다이오드보다 전압 강하가 1/2밖에 안 되기 때문이다.

【0068】+입력 단자로 입력된 전류는 콘덴서(74)에 충전되는 동안만 부하(76)에 전류를 흘려서 일하게 하고 부하가 일을 한만큼의 전류 모두는 콘덴서(74)에 모두 저장이 되면 이 저장된 에너지는 바로 100% 방전을 하여 부하에 바로 전에 일을 한 만큼 한다. 결과적으로 전원에서 에너지 '1'을 공급하였는데 부하(76)는 '2'만큼의 일을 하였다.

비록 전원의 에너지를 콘덴서에 충전하고, 상기 전원과 콘덴서에 충전된 에너지를 동시에 부하에 공급하여, 전원만으로 부하에 공급하는 전류의 세기(크기, 량)보다 더 큰 전류의 세기(크기, 량)를 공급할 수 있다고 하더라도, 전원으로 콘덴서를 충전하고 부하에 에너지를 공급하며, 전원과 충전된 콘덴서로 부하에 에너지를 공급한다고 하여 전원에서 공급된 에너지보다 부하에서 더 큰 에너지를 소모하는 것은 에너지 보존법칙에 위배되고, 이는 전류와 에너지를 혼동하고 있는 것으로 사료됩니다.

따라서 위의 에너지 보존법칙 자체가 성립하지 않는다

는 것이 반증 되지 않는 한, **본원발명**(청구항 1 내지 5 발명)은 이론적으로나 현실적으로 성립될 수 없는 것이므로, 본원발명은 자연법칙을 위배한 영구기관으로써 존재할 수 없고 산업상 이용할 수도 없는 것입니다. 끝.

의견 제출서
사본 내용 소개

(2021년 6월 22일 오후 4시 40분 특허청으로 보낸 메일 사본)

1. 거절이유 내용

이건 특허출원 제10-2020-0152699호 "2차전지 자동 충방전 시스템(이하 본원발명이라 함)"에 대하여 2021년 3월 19일자 의견 제출통지서에서는,

『이 출원의 청구범위의 청구항 전항에 기재된 발명은 아래와 같이 특허법 제29조 제1항의 본문에 따라 특허를 받을 수 없습니다.

- 아래 -

에너지 보존법칙 자체가 성립하지 않는다는 것이 반증되지 않는 한, 본원발명(청구항 1 내지 5 발명)은 이론적으로나 현실적으로 성립될 수 없는 것이므로, 본원발명은 자연법칙을 위배한 영구기관으로써 존재할 수 없고 산업상 이용할 수도 없는 것입니다.』라는 요지로 본원발명의 특허등록을 거절하고 있습니다.

2. 거절이유(특허법 제29조제1항본문 위배)에 대한 의견

본원발명은 원래 티탄산바륨 전지로 구동 할 수 있는 것인데 콘덴서로 해도 소기의 목적을 이룰 수 있으며, 모든 축전지를 이용할 수 있도록 개선한 것입니다.

본원발명에 대한 거절이유의 요지는 "본원발명이 에너지 보존법칙 자체가 성립하지 않는다"는 것인데, 물리력을 원리로 하는 분야의 기술을 화학 분야의 법칙(에너지 법칙)을 적용하여 거절하는 것은 적절하지 않다고 사료됩니다.

즉, 에너지 법칙은 화석 연료(대체로 석탄이나 석유류 가스류를 칭

함)를 산화시키는 과정에서 나오는 열에너지 법칙을 말하는데, 열에너지는 화석 연료의 주성분인 탄소와 수소가 산소와 한번 반응을 하며 탄소는 탄산가스로 수소는 수증기로 변화되기 때문에 재사용이 안 되는 것입니다.

전기에너지나 화학 반응에 의하여 나오는 열에너지는 모두 전자가 없이는 얻을 수 없는 에너지이며, 보다 구체적으로는 열에너지는 전자의 화학 반응에 의하여 얻어지는 에너지이고, 전기에너지는 전자의 물리적인 운동에 의하여 얻어지는 에너지입니다.

예를 들어, 화학 반응기인 자동차 엔진의 반응 과정을 살펴보면, 연료와 산소가 실린더에서 폭발한 후, 배기가스인 탄산가스와 수증기를 공기 중으로 배출해버리는 열린 회로 시스템이기 때문에, 에너지가 재사용되지 못하는 것입니다.

하지만 자연에서는 식물의 탄소동화작용을 살펴보면, 잎이 공기 중의 탄산가스를 흡수하고 뿌리에서 빨아들인 물을 원료로 하여 태양의 빛에서 도움을 받아 탄산가스의 탄소는 당 합성에 이용하고 산소는 공기 중으로 다시 배출됩니다.

과정이 복잡해지기는 하지만 당을 열분해하면 수증기와 탄소로 분리할 수 있고, 이 탄소와 산소를 다시 화학 반시키면 다시 탄산가스를 합성할 수 있습니다. 예를 들어, 실험실에서 탄산가스를 고전압 고주파 펄스로 플라즈마를 만들면 탄소와 산소는 환원하여 이온화되는 것을 간단히 확인할 수 있습니다.

석유류와 가스류 중에 있는 수소가 실린더 안에서 산소와 반응 후 생긴 수증기를 포집하여 물로 만든 후, 실험실에서 미생물을 이용한 분해법, 자외선을 이용한 분해법, 고온 고열로 분해하는 법, 전기 분해법 등 현재 기술로 한번 사용한 화석 연료의 주성분인 탄소와 수소를 산소와 합성 시킨 후, 인위적이거나 자연 상태에서 환원과 재합성, 재환원 시킬 수 있는바, 기존 에너지 법칙은 원자 속에 원자핵과 중성자 전자가 있다는 것을 모르던 시대의 사람들이 주창한 것으로 불변의 진리라 보기 어렵습니다.

에너지 법칙은 전자의 화학 반응에 의하여 생기는 화학 에너지이고, 전기는 전자의 물리력에서 얻어지는 에너지이며, 열에너지의 생성과 활용 시스템인 열린 회로와는 다르게 전기와 전자회로는 닫힌 회로, 즉 폐회로이기 때문에, 전원인 발전기나 축전지 등에서 나오는 전기에너지 즉 전자 또는 전기는 스스로 절대 회로 밖으로 벗어나지 않습니다. 즉, 전자기력은 회로 내에서만 존재하며 외부로 소멸하지 않기 때문에, 본원발명은 에너지 법칙-열역학 법칙이라고도 함-을 위배하고 있는 것은 아니라고 사료됩니다.

그와 같이, 본원발명이 에너지 법칙을 위배하고 있는 것은 아니므로 상술한 의견 개진을 통해 본 거절이유는 해소되었을 것으로 사료됩니다.

3. 결어

이상과 같이, 본 의견서와 동일자로 제출되는 보정서에서의 보정에 의해, 금번 거절이유는 모두 해소되었을 것으로 사료되므로 본 보정서에 의거하신 재심사를 통해 본원발명이 등록될 수 있도록 특허 결정하여 주시기 바랍니다.

3부

특허 도면 소개

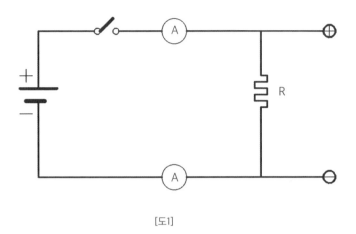

[도1]

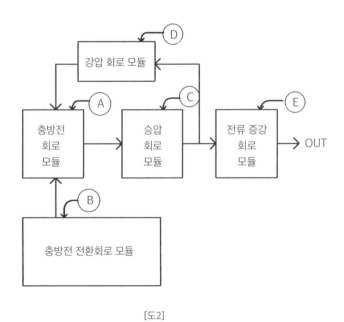

[도2]

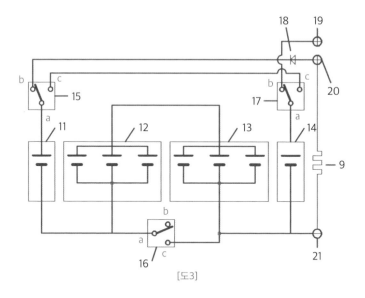

[도3]

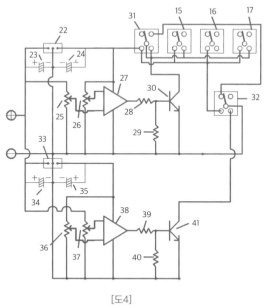

[도4]

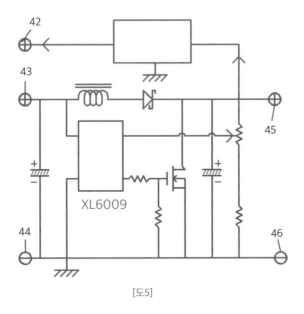

[도5]

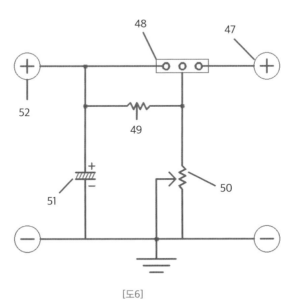

[도6]

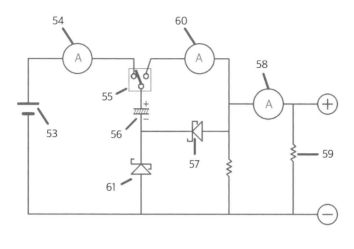

[도7]

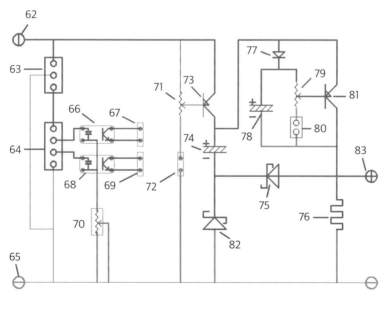

[도8]

　　　　　　　신 재생 에너지 기술 · 3부

🔍 찾아보기

마지막으로 2배 출력 회로의 기술과 자동 충방전 회로의 기술을 어디에 어떻게 사용하면 좋을지를 소개한다.

우선, 수소 발전에 유리하다.

기존의 모든 발전소를 대체할 수 있고 폐기물이 없으며 탄소 발생률이 0%이다.

해수를 증류하여 증류수로 만들 때 설비비와 인건비를 제외하고 에너지 비용이 0원이고 증류수를 분해하여 수소를 생산할 경우에도 설비비와 인건비를 제외한 에너지 비용이 0원이다. 물을 전기분해하여도 에너지 비용이 많이 들고 액화가스나 천연가스에서 수소를 분리하는 데도 에너지 비용이 많이 필요하다.

이러한 문제를 자동 충방전 기술을 사용하면 해결할 수 있다. 여기에 2배 기술을 더하면 금상첨화라 할 수 있는데 이 2배 기술은 3배 4배… 10배도 가능한 기술이다.

이 책의 내용으로 이해가 부족하신 독자분들을 위하여 직접 대면하여 설명을 보충할 기회를 만들어 보려 노력하고 있고 납땜하는 과정 없이 컨넥터 연결만으로 제품을 만들어 실제 사용해 볼 수 있도록 키트를 준비하여 적은 돈으로 실험실습 실용할 수 있는 기회도 만들어 볼 계획이다.

전기 돌침대, 이동용 컨테이너 주택, 2~3kw 출력의 이동용 전원 등을 만들어 상업용 전원 교류의 도움 없이, 충전도 하지 않아도 무료로 무한정의 전기에너지를 사용하는 세상이 오기를 희망한다.

감사합니다.

2021년 8월
이영재 배상

신 재생
에너지 기술

초판 1쇄 발행 2021년 9월 10일

지은이   이영재

펴낸이   강기원
펴낸곳   도서출판 이비컴

디자인   이영진
교 열   장기영
마케팅   박선왜

주 소   서울시 동대문구 천호대로81길 23, 201호
전 화   02-2254-0658   팩 스 02-2254-0634
등록번호 제6-0596호(2002.4.9)
전자우편 bookbee@naver.com
ISBN   978-89-6245-193-1 (13500)

지은이 **이영재**

1948년 함안 출생. 1964년 서울 청계천 소재 한국전파기술학원을 수료하고, 이후 광운전자공업고등학교에 합격하였으나 해당학교 합격 증으로 부산 해양고등학교 통신과로 재입학하였다.

부산 금사동 공단의 '부국에너지'와 서울 상계동 '가야 세라믹전기'에서 공장장으로 재직하였다. 1991년 전기 판넬 특허 취득과 당해 한국 최초 세라믹 단어가 들어간 특허를 등록하였다. (세라믹 면상 발열체)

1999년 총회 신학과를 졸업하고 2001년 총회 신학 연구원(신학대학 원 과정)을 이수하였다. 2003년 목사 안수를 받고, 2007년 7월~2009년 9월까지 2년 여 간 중국 선교 사역을 마쳤다.

그 외 2001년 전복 진주 발명 등록과 2003년 전복 진주 양식방법 발명을 등록하였고, 2020년에《2배 출력 회로와 자동 충방전 회로》특허를 출원하여 현재 심사 중에 있다.

전자우편 jaesube153@gmail.com